如果爱有天意　我愿细水长流

2014.12.13

那么成功为什么

别气馁　旧观念抛到一边
现在就开始改变　麻雀也能飞上青天

苏乞儿 著

中国财政经济出版社

图书在版编目（CIP）数据

那么成功为什么／苏乞儿著．—北京：中国财政经济出版社，2014.8

ISBN 978－7－5095－5560－6

Ⅰ.①那… Ⅱ.①苏… Ⅲ.①成功心理－通俗读物 Ⅳ.①B848.4－49

中国版本图书馆CIP数据核字（2014）第161513号

责任编辑：潘　飞　　　　责任印制：刘春年
责任校对：甄　飞　　　　版式设计：丁丁图文

中国财政经济出版社出版

URL：http://www.cfeph.cn

E－mail：cfeph@cfeph.cn

社址：北京市海淀区阜成路甲28号　邮政编码：100142

营销中心电话：010－88190406　北京财经书店电话：010－64033436

北京财经印刷厂印刷　各地新华书店经销

880×1230毫米　32开　8.5印张　129 000字

2014年8月第1版　2014年8月北京第1次印刷

定价：32.00元

ISBN 978－7－5095－5560－6/B·0025

（图书出现印装问题，本社负责调换）

本社质量投诉电话：010－88190744

反盗版举报热线：88190492　88190446

不精彩，勿宁死

有人对你下迷魂药，给你洗脑：你将拥有一个精彩的人生，你将与一位智者对话三十天，三十天过后你将脱胎换骨……读到这里，你可能已经后悔买这本书了。你会想：神经病，你是疯子吗？我怎么可能与智者对话呢？这怎么可能？

我想说，在 2013 年 5 月 8 日之前我也跟你所见略同。可是就在这一天过后，我的人生改变了，我自己也觉得不可思议，难以置信，可事实确实是这样的。

这本书不是我写出来的，是她选择了我，不是我选择了她。你也是一样。当你阅读这本书的时候，智者也将与你对话，这本书也将阅读你。

我不知道智者为什么选择了我，如果他没有选择我，真不知道我的人生会是什么样；可是他偏偏选中了我，他要我把成功的秘诀分享给大家，这也是我们之间的约定。

不管这本书会给我的人生带来什么评价，要么是疯子，要么是脑残，又或者是导师……无论什么样的称谓出现，我都不会放下手中的笔停止把她写出来。

我想告诉你，这本书肯定不是一个神经病患者的疯言疯语。我和此书的相遇纯属偶然，但绝非虚构。相信我，分拨出你人生的几个小时把她读完，她会改变你的整个人生。

写完这本书的时候，我拿给周围的朋友看，他们互相传阅我的手写稿。他们的生活，悄然发生了不可思议的变化。他们感谢我，他们对我说，他们从这本书当中获得了智慧。

那一刻我知道，这些字其实是写给每一个人的，这本书也一定会出版面世，因为这本书即将告诉你一些不为人知的成功秘诀，所有掌握这些秘诀的人都离成功近在咫尺。

这是造物主送给众生的礼物，只是借助我的双手把她呈现给大家，把她送给所有处于迷茫状态，没有目标，一天天混日子的朋友，送给所有真心想改变自己命运的朋友。

这本书的对话对象不是我自己，而是全世界所有的人：男人和女人，老人和小孩，好人和坏人，创业者和上班族，优生和差生。又或者是处于上述所有人群之间的中间人，比如我，比如你。

这份缘分与我结识以后，我就知道智者一直都停留在我的生命里，伴我同行。我知道，他会想尽一切办法来解决我们人生中所面临的一切难题。他会用通俗易懂、简单明了的语言来与我们沟通交流，所以这本书浅显易懂，便于阅读，易于思考。

说了这么多，我为我之前的生活感到羞愧，过去的我曾伤害了许多人，犯下了许多不可原谅的错误。然而，他原谅了我的过去，他教我放下过去，他鼓励我走出困境，走出阴影。他告诉我成功的秘诀，他告诉我将有一个璀璨人生在前方等我去创造，他让我勇敢活下去，他要我永不放弃，他帮我成为我想成为的那个人。

我知道智者可以帮助我们每一个人。他来了，让我们一起迎接他吧！

在这本书里，智者将告诉我们成功的方法。你会发现一些秘密，而这些秘密能给你所有你想要的东西，再重复一次：所有的！不论你是谁，你想要什么，这些秘密都能如你所愿。

亲爱的，从现在开始，让我们一起聆听、咀嚼并消化这些耐人寻味的对话吧！

目　录

CONTENTS

走出困境走向成功的方法就是假装已经成功，在没有做成某事之前，那些大师已经假装自己做到了，他们总是按照成功的思维模式去思考问题，结果他们真的成功了。

要想成为有钱人，要想拥有更多的财富，要想过上有钱人的生活，最好的方法就是创建一面“财富墙”。

人生好比两杯咖啡，许多人选择先喝甜的，结果苦了一辈子；那些大师都懂得先品尝苦咖啡，那么熬过去，剩下的就只有甜的了。人生不是要苦一阵子就是要苦一辈子。

只有勇于去做那匹主动追寻伯乐的千里马，只有那样做，成功才会如期而至。

积极的心态对人来说就是健康和营养。这样的心态，能吸引一切美好事物到你的生命中，它能帮你吸引成功、财富、快乐和健康。

你就是你生命中的米开朗琪罗，你是全世界最顶尖的艺术家，你所雕刻的艺术品就是你的人生。你拥有无比丰富的想象力，你可以通过想象力在你的大脑中创造你想要的一切美好事物，你也可以创造良好的人际关系和家庭关系，所以，你必须知道你真心想要的是什么。

你是宇宙中的磁铁，你生命中的一切都是你自己吸引过来的。所有美好的事物或者不好的事物都是你吸引来的。

先感激你目前拥有的一切。感激你有爱你的家人，健康的身体，积极的心态……假如你开始感恩了，你会发现能让你感恩的事物实在太多太多了，你会发现你其实很幸福很幸福。

当你下定决心开始追求你想要的东西时，你得到的东西会超乎你的想象。孩子，你能来到这个美丽的世界上，你何其幸运！你被赋予神奇的力量，你只要拥有爱，爱无所不能，勇敢地创造你的人生吧。

你想得到什么你就要付出什么，你付出爱就会得到爱，爱就是你们指的成功、幸福、快乐，反过来简单一点说，如果你付出爱，你就会得到一切。

你相信什么就一定会得到什么，那些大师都是这么成功的，不论你多么渴望，因为你不相信，就不可能得到。

人生难免有高低起伏，在低谷中要加倍努力，要明白没有永远的失意；在高峰时要懂得珍惜，要明白没有永远的得意。无论顺逆，你都要勇往直前，只有如此，你的人生才会有不同的境遇和高度。

每个人在每个阶段都有特定的使命，到什么年龄段做什么事，要有主次之分，不要和别人比，因为每个人想要的生活都不一样。该沉稳安静的时候不要羡慕别人的热闹，该拼搏的时候再累也要挺过去。只要安心做好每一个年龄段最重要的事情，就能一步一个脚印扎实地走好人生每一步，过上自己想要的生活。

如果你不采取行动，你就会转回去，回到原点，把你所做的决定再做一遍，那只会周而复始重复你的痛苦。

勇敢地追你的梦吧！你勇敢追梦，命运又怎么会辜负你，你也不要辜负那些看好你、支持你、爱你的人才好。

写在前面的话

没有谁比我更不快乐

2013年元旦过后，我周遭的生活突然完全崩溃了。那段日子我非常颓废，生活、工作、学业、感情、人际关系一团糟，生命中再也找不到值得我留恋的东西，我觉得我的人生走到了尽头，可是我还非常年轻。然而，当时我并不知道，绝路其实就是最好的路。

终于，我受不了失业加失恋的双重打击，决定写一封遗书离开这个世界。从小到大我最擅长的就是写字，也非常喜欢记日记。当我脑海中产生那个可悲的想法之后，我决定在人生的最后时刻给那个让我受苦的造物主写一封信。

那一封信充满一连串的问句，写满了疑惑，痛苦和无助。我尽情地发泄着心中的不满。

我的人生为什么会是这个样子？为什么要我承受这些痛苦？为什么选中了我？要怎么做才能成功？为什么我的人生中没有快乐？为什么他要抛弃我？为什么所有的人都不看好我？为什么？为什么？为什么？……难道我的人生注定要这样失败吗？我不想认输，可是我无力反抗。最后，我离开这个世界之前，我只想走得明白，告诉我，我究竟做错了什么，为什么要这样对我？为什么？

我终于把心中的愤怒一股脑地全部发泄出来，接着，我嚎啕大哭，哭累了，准备把笔扔开的时候，突然，我的手不受控制，开始在白纸上移动起来，呈现在纸上的内容是：

孩子，说吧，勇敢地说出来吧。

我思考了一会，接着往下写。

这个世界一点都不公平，为什么那个傻瓜赚钱比我多，为什么那个傻瓜所得比我多，为什么那个傻瓜过着我梦想的生活，而我聪明能干，幸运儿却不是我？为什么那个傻瓜创业成功，而我在一个小公司当小职员还很难混？为什么那个傻瓜的梦想和才华转化成财富，而我的付出与收入不成正比，每月入不敷出？为什么那个傻瓜可以改变大众的生活，而我努力工作，踏实肯干却是一个“月光族”？念书那会儿他成绩一塌糊涂，比我差很多，我到底是哪点做错了？你告诉我这都是为什么？

答案很简单，问题出在你自己身上。你回头看一下你的这些问句，都充满了抱怨。正是因为他是傻瓜，那些特质才帮助他在社会上如鱼得水。正是因为你在学校出类拔萃，所有老师、同学都赞扬你，你才成为今天失败的你。

什么？这不科学？那不是每一个人都向往的吗？

你曾以为，成功需要脚踏实地，好好学习，勤奋工作，按规则办事，按常理出牌，是这样吗？

是啊，这有什么错吗？

其实，你们都错了。

我还没有弄明白这到底是怎么回事，我们已经你一言我一语地开始了对话。那些问题可能一直在我的脑海里盘旋，所以不用思考就完整地被我提出来。现在我终于明白了，他的回答不只是回答我，还有和这本书有缘的每一个人，所有的人。因为我想要的问题，也正是你想要问的问题。

我希望你能尽早进入角色参与这次对话，你之所以看到这本书，正是因为你也需要它。难道不是吗?

所以，让我们一起对话吧。

对话第1天 | 那么糟糕为什么

苏乞儿：你都以什么样的形式和我们见面啊？你会随时出现在我们身边吗？当我提出了这个问题，得到了智者的答复：

智者：我随时会出现，因为我一直在你的生命里与你们同行。孩子，既然，你把我当好朋友，你就尽情提问吧，我可以回答你提出的任何问题，这没有问题，但是我有一个条件，你要答应我把它们写出来分享给大家，回答我：能做到吗？

苏乞儿：能，这有什么难的？当然能做到，我答应你好了。只要你帮我答疑解惑，如果我知道了问题的根源，那么我人生的难题就能解决了，我可以答应你把它们写出来。

智者：你们凡人啊，就是喜欢表态、下决心，却从来不衡量衡量自己能否做得到。记住你说的话，承诺的事情都会做到，这是所有成功者成功的第一步，也就是你们凡人讲的诚信。你可以观察一下是不是所有的成功人士，比如，那些历史上名垂不朽的伟人都十分讲诚信。从现在开始我要训练你直到成功，前提是你要听我的话，当然听与不听决定权在于你，我从不逼迫你，为难你。因为我尊重你自由的意志。

你可以做你所有想做的事情，如果你同意，我将与你对话30天。在这期间我可以回答你提出的所有问题。你现在只需答应我这段时间不许再有轻生的念头，还有答应我，把我告诉你所有成功的秘诀毫无保留地分享给你的同类，能做到吗?

苏乞儿: 30天，为什么是30天呢?

智者: 为什么是30天?到最后，你自己会找到答案，你只要按照我说的去做就可以了，你绝对会成功。

那我们开始对话吧。记住：这30天，我将把自己交给你，全情为你服务，你要学会抓住机会，机会从不等人，请你珍惜时间，把握机会，这也是所有成功人士都知道的道理。如果你也想成功，这些你必须要学会。

苏乞儿：好的，我记下了。那我怎么称呼你呢？

智者：呵呵，你随意，只要你开心。

苏乞儿：如果你真的能帮助我，我叫你上师吧？

智者：好，都行，我们开始吧。

苏乞儿：上师，先请问你为什么那些人那么成功吧，这个疑惑解决之后，我再来问你为什么那些人那么幸福。

智者：还不错，你有成为成功人士的潜质，因为所有的成功人士都明白事情的轻重缓急。人的精力有限，他们都懂得沉下心来做一件事，要想把一件事做好就要分清主次，专注于自己想要的东西，不为别的小事分心。那我们先按你提的第一个方向来开始对话吧。

这一刻，我意识到一本书将被写出来——这是一本注定要出版的书籍。实际上，在对话结束的时候，我被告知，将有两本书被写出来。

第一本主要讲述成功的方法，比如要想成功有没有捷径可走，为什么那些看起来平平庸庸的“傻瓜”都能取得成功，那些成功的伟人，那些功成名就的人到底发现了什么秘诀使他们的人生走向成功。第二本将告诉大家获得幸福的方法。同样是人，为什么有的人事业成功，家庭幸福，而有的人却事业、家庭都不幸福呢？那些爱情事业双丰收的人到底知道了什么秘诀使他们的人生走向幸福。

智者：接着问。

苏乞儿：上师，我现在有点欣欣然，为什么我这么幸运呢？为什么你选中了我呢？

智者：因为造物主听见了你内心强烈的呼喊，所以把我派来拯救你了。

苏乞儿：上师，我有很多很多话想对你倾诉，有好多好多问题想问你，我不知道该从哪里开始。

我先问一个每个人都想问的问题吧，为什么有时候想要某一件东西的时候，无论怎样努力，结果都不如人意，总是天不遂人愿呢？

智者：你不但得不到你想要的东西，也得不到你要求的东西。原因是你心中提出要求时，实际上你呈现给我的状态是你正处于缺乏的状态。所以说，正确的祈祷方式不是要求而是感恩。

因为你恳求我给你你最想要的东西，我接收到的信息是你现在还没有拥有这些东西。你正确的方式应该是感谢，感谢我把这些美好的东西赐给你，只有这样你才会拥有你想要的东西。

苏乞儿：上师，为什么20%的人赚走了全世界80%的财富呢？到底这些成功的人知道了什么秘诀让他们赚得盆满钵满呢？

智者：很好，你问的这个问题很好。你以为这是意外吗？他们成功是有原因的。所有的成功人士以及历史上的伟人确实都明白成功的秘诀。现在，我即将告诉你这些秘诀。

所有成功致富的人，他们心中所念就是金钱，他们专注于财富，这些在他们心中是重于泰山的。正是这种想要拥有财富的冲动和激情让他们成功致富。

如果你能在你心中时刻想着你所要的，并让它成为你人生的主要指导思想，那么你就会用它重写你的人生。

苏乞儿：上师，我能从绝境当中走出来吗？

智者：能，你的生命掌握在你的手中，不论现在你身在何处，不论过去你生命中发生过怎样糟糕的事情，你只要选择让你的思想专注在成功上，就一定能改变你的命运。这世上根本没有所谓的绝境，你伸出双手握紧拳头，命运就在你自己手中。

苏乞儿：你的意思是说每个人的心念很重要了？那怎么控制自己的心念呢？

智者：学会让你的心静下来。所有的成功人士都把静心当做每天必修的功课。静心能帮你控制你的念想，让你专注于自己想要的目标。

对话第2天 | 你的生活是你一生唯一的创造

苏乞儿：富人的成功，穷人的平庸，二者之间的差距到底在哪里？学历不高，在学校成绩平平且调皮捣蛋的学生，走上社会后却当老板，发大财，这到底有何奥秘？

智者：好，我答应过你回答你提出来的所有问题。下面列几点，回答你这个问题。

常人贪图安逸，富人喜欢挑战。两者的择业观存在不同。普通人喜欢到大企业里面干事，工作环境较稳定。富人是怎么做的呢？他们总是教育自己的儿女别介意到小公司锻炼，甚至鼓励儿女自己开一家小公司并为自己代言。

常人独自努力，富人借力搏杀。普通人也许比富翁干活更卖力，两者的差异更多源于彼此对“努力工作”定义的不同理解和演绎。普通人喜欢自己干，从早到晚，任劳任怨。富翁努力工作则包含三个方面：第一，团队的合力。他们习惯带领团队一起往前冲，他们擅长激励团队朝着共同目标奋斗，所有的佳绩让大家共享。第二，让钱努力工作。普通人因怕冒险，让钱趴在银行里睡大觉，他们的钱也很懒惰，没有什么超量产出。那些有钱人，要求资本每年至少有 10% 的回报。他们善于经营，即使睡觉也会钱生钱。常人是羊群性格，富人是狼性特征。

苏乞儿：如果你身边有两位年轻人，你能知道 20 年后，他们哪一位能成为富翁吗?

智者：当然可以，看他们胆子大小便可以预测。

有钱人从小胆子大，敢于尝试新鲜事物，别人不敢做的事情他敢去做；而一般人遇事会考虑良久，仍迟迟不愿行动。胆子大，自然机会多；胆子小，机遇也会流失。你说，哪一位比较容易成功?

一般人身上的“羊群性格”很明显。大家随波逐流，不敢鹤立鸡群，不肯尝试任何新生事物，怕失败怕被别人笑话，等到大家认同才会去干。如此一来，他的成就就会有限。羊群性格的典型表现是：等到周围的朋友先行动，拥有成功经验后，才会跟随。

常人专心细节，富人留意大事。普通人习惯每天在衣食住行的消费上花时间砍价，省点小钱；他们成天巴望着银行账户微小的利息收入；他们低头看着自己眼前的细枝末节，对未来的社会变化不能预见，只能不断叹息：这个世界变化真快。有钱人喜欢留意大事情，对未来发生的变化，他会未雨绸缪，在别人看不到的机会中，大把挣钱。

苏乞儿：嗯，貌似所有的成功人士的表现都像你说的那样。可是，上师，世界上许多事情已成定局，我们无法改变，那么应该怎么做呢？

智者：世界上的许多事你无法改变，这是事实，你改变不了问题，改变不了环境，只有改变你自己。

其实，改变你的心态也就改变了你看世界的角度，而当你改变看问题的角度时，即使遇到全世界最倒霉最不幸的事情，你也不会成为世界上最倒霉最不幸的人。

纵观人类历史上所有的伟人，社会上有所建树的人，哪一个没有遭受过挫折？这些大师们都知道一点：要成功，必须先改变自身条件。因此，与其说他们改变了世界，不如说他们改变了自己。正是一次次在思考，一回回去领悟，然后将其变通并付诸行动，才取得了巨大成就。

孩子，如果你经常意识到生活中遭遇的倒霉事远远不足以阻碍梦想的实现，你的心情就会开朗得多，快乐得多。成功人士没有一个不是乐观派。乐观的人总是能看到生活中好的一面，从不消极抱怨。他们拥有“大难不死，必有后福”的心态，从容面对一切问题。

孩子，当你遇到一些事无法解决和处理时，你不妨坦然接受现实，不要反抗那些不可更改的事实，用节省下来的时间去做一些更有意义的事情。所有的大师都是这么做的。

孩子，你要知道，世界上许多事你都无法改变，能够改变的只有你自己！如果你一直在努力地改变自己，有一天你会突然发现，世界因你的改变突然变了样——这才是大智慧的美丽人生。

你要记住，你的生活是你一生唯一的创造，不能抹平重建，即使只有一天可活，那一天也要活得优美、高贵。你要时刻在心中记住这句话：“生活是你自己创造的。”如果改变不了世界，不要生气，改变自己的思想与行动吧，只要坚持下去，你就会发现你的生活、世界变得不一样。

苏乞儿：亲爱的上师，我明白了。谢谢你来拯救我。

智者：不不不，你现在还不知道一个道理——不要凡事都要依靠别人。在这个世界上，最能让你依靠的人是你自己。在大多数情况下，能拯救你的人，只能是你自己。

你要记住，在你的人生历程中，幸福生活的出现与否在很大程度上取决于你们自身的努力，须依靠自己的勤奋自我修炼、自我磨练和自律自制。

苏乞儿：上师，现实中，我该怎样权衡放弃与坚持呢？到底选择什么才是对的，选择什么才是错的？哪些应该是放弃的，而哪些又是应该坚持的？

智者：你的一生需要面临很多选择，这并不是问题，正是在一次又一次的选择中，你的人生观、价值观渐渐地变得成熟。

现在回到现实中来，在遇到挫折和失败的时候，到底是该坚持还是放弃？我想，你无非在思考两个方面的问题。

哪两个方面呢？

第一，你为什么坚持？

目标是支撑你坚持下去，源自内心的最原始的驱动力。有了目标，你才不会在茫茫大海中迷失方向。很多人迷茫、困惑、没有动力，最主要的根源便是目标的缺失。所以，一定要想清楚自己的目标是什么。

如果是你生命中追求的东西，那肯定要坚持。而对于那些无所谓的东西来说，过度坚持，那就是浪费你的时间。所以，把精力花在你认为该做的、值得做的事情上，才更有意义。如果方向本身就是错的，一味坚持，只会把你推向深渊。

第二，你凭什么坚持?

一旦遇到困难坚持不下去，你会听到来自亲朋好友的劝慰，如“坚持就是胜利”，“只要功夫深，铁杵磨成针”，等等。

好，那我们一起来分析一下：只要功夫深，铁杵磨成针。铁杵之所以能够磨成针，是因为下的功夫足够深。这个简单的道理，世人皆知。但你们却忽略了另外一个前提，那就是铁杵。要想磨成针，只有功夫深是不够的，还需要料——铁杵。如果是一根木棍，到最后只能磨成一根牙签。所以，在强调坚持重要性的时候，你还要反问自己一句：“我到底是不是这块料？”如果不是这块料，结果只会适得其反。

你到底是哪块料？如果放对了地方，木头也会有它不可替代的作用，否则，钻石也可能一文不值。

梦想卡

写给购买纪念版的读者朋友：

亲，感谢你购买这本书的纪念版，同时也恭喜你成为这本书的第一批读者。这里不是告别，而是一份美好友谊的开始。分享是利益的最大化，希望你能把这本书分享给身边的亲朋好友，记住：帮助别人就是成就自己。

为了感谢你的支持，收书后，书中会带有这张《梦想卡》。让我们来个约定吧，请你写好你的梦想拍个照发给我，我来帮你见证你的梦想。别想那么远，我们一步步走，先写一年想要实现的梦想。一个就好——你想追谁，你想赚多少钱，你想考什么学……写好按照书中的方法去执行，努力实现它，实现了@我，我个人退你书费，一点心意，请你们收下，但是我认为它意义重大。

你把梦想勇敢写出来，发给我，这是我们之间的秘密，我会替你们把梦想收着。如果你实现了，祝福我们都成为为梦想而奋斗的人；如果有一天你因为碌碌无为的生活忘记了自己曾经的梦想，就来找我取回它。好吗？

最后，只希望你在书中有所得。

你最真挚的朋友　苏乞儿

微信：429298510　微博：苏灿－苏乞儿

让我们手拉手一起向梦想进军吧，追求梦想的路上你不孤单，我一直都在！加油！

我的梦想：

设立目标时间：
完成目标时间：

为了完成这个梦想，我要全力以赴

本人签名：

苏乞儿：上师，那决定“料”的性质的主要因素又是什么呢？

智者：主要有两个：一是性格，二是优势。

首先来看性格。所有的成功人士之所以成功，是因为他们从事的职业与自己的性格相对应。相反，失败者们总是想在自己的性格不适宜的领域做出卓越成绩。上帝是公平的，对你们每一个人都寄予厚望，他给了别人那样的天性，也一定会给你这样的天性，他让别人在这个领域成功，就一定会让你在那个领域获得成功。关键要看你是否“人对行”。

每个人都有自己的性格，每一种性格都对应相对擅长的职业，有的人擅长这一行，有的人擅长那一行。无论是哪一种性格，你都应该接受它，并按照这一性格去寻找适合的职业。然而，遗憾的是，世界上几乎有近一半的人正在从事与自己的性格矛盾重重的职业。

性格没有好坏优劣，只有合适与否。如果找对职业，每一种性格都能成功。所以你一定要认识自我，才有可能获得成功。

其次看优势。

苏乞儿：优势？

智者：对，优势！你们凡人称其为天赋。不难发现，做同一件事情，有的人不费吹灰之力就轻而易举地完成，而且相当完美；而有的人费了九牛二虎之力，却仍然不能达到要求。之所以出现这种情况，不在于后者不努力，而在于后者的优势完全没有发挥出来。如果你从事的工作能够充分发挥你的天赋，那么，你极有可能获得成功。所有的大师都懂得发挥自己的优势，扬长避短。

他们知道避短的重要性。相比较而言，避短能够使你的人生达到“及格”，而发挥优势则使你的人生达到“优秀”。在当今社会，“及格”是远远不够的，这只是一个起码的要求，让你不被淘汰；而“优秀”则会为你的事业成功贡献更多的驱动力。

孩子，找准属于自己的道路，踏踏实实做适合自己的事情，充分发挥自己的优势，这就是所有成功人士都知晓的秘诀。如果你看不到自己的优势，甚至对自己失去信心，这才会是你今生最大的遗憾。

所以，对于坚持还是放弃，我的观点是：如果你做的事符合自己的目标，并且符合自己的性格，能够发挥自己的优势，那么困难对你而言只是暂时的，坚持下去，你会取得比普通人更大的成功。

如果目标本身不符合自己的性格，也无法发挥自己的优势，那么建议你放弃，重新思考自己的未来。目标、性格、优势三者彼此吻合，才是最佳的选择。如果你不知道自己的目标，那就做适合你的，同样你会获得成功。

对话第 3 天 | 你的人生你来写

苏乞儿： 上师，我还是感觉这个世界非常不公平。我出生在农村，我的同学出生在城市，有的人天生优渥，坐享其成，而我一出生就输在起跑线上，天生是草根。这根本就是命数不同的人生，这世界怎么可能是公平的呢？

智者： 孩子，这个世界上的能量是守恒的。什么意思呢？意思就是你付出多少，你便得到多少，命运是非常公平的。我说过，我对你们每一个人都寄予厚望，那些含着金汤匙出生的人，他的父辈至少有一代人比你的父辈要努力很多。人生就是一场接力赛，如果你现在不努力追赶，你的孩子还会继续跟你一样抱怨命运不公平。

苏乞儿： 上师，你说过想要一件东西必须先学会感恩，但是，假如明明知道这件东西不会出现在我的生命中，我如何还能为了得到它而感谢你呢？

智者：那你得相信！只有你相信会拥有它，你才会得到它。无论你想得到什么，只要对我发出要求，你都会得到。

苏乞儿：可是，许多人说他们的愿望从来没有实现过。

智者：那是因为他们对此总是抱持怀疑态度，他们不相信我会满足他们所有的要求。前面我已经说过，你要相信你会得到它，你要相信这件美好的事物会出现在你的生命中，你怀有的愿望的实现可能性很大程度上取决于你是否相信它会实现，你的心越虔诚，它就越可能出现在你的生命里。

只有一种愿望，只要你发出要求，我都会让它实现。

苏乞儿：那是什么？

智者：那就是你坚定地认为无论你想要什么东西，我都会毫无保留地满足你的要求。所有功成名就的伟人，所有的成功人士都知道这个秘密，所以他们成功了。知道这个秘密的人是少数，所以成功的人也是少数。现在你知道这个秘密了，你要分享给大家。

你要知道，我是观察者，绝非创造者。创造者是你们自己，你能给你自己所有想要的东西。

苏乞儿：上师，不是你创造的我们吗?

智者：如果你认为我是万能的，创造出你生活中的一切美好事物，那么你就大错特错了。

苏乞儿：你不是说帮助我过好的生活，给我精彩的人生吗?

智者：是，我是那么说过，但我用的可能不是你们想要的那种方式。我创造了你们的外表，创造了你们的样貌和体形。其实我给你们每个人的样貌都是有一定用意的，你们要相信我对你们每一个人都是公平的。这世界上只有一个你，再也找不到另一个一模一样的你。你从出生那一刻开始就已经注定与众不同了。

除去外表，其余的东西都是你自己去创造的，所以你们的人生会不一样，问题出在你们自己身上。我赋予你们创造的能量，也允许你们自由地选择，让你们按照自己的意愿去创造属于自己的精彩人生。

这么说起来，你对自己的期待，就是我对你的期待。你的人生完全是由你自己去创造的，我不会做任何干预。

苏乞儿：上师，有时候成功也不见得是一件好事，当你的某一方面超越同龄人之后，他们能容忍你的平庸却不能接受你的出色，他们会恶意中伤你，这不也是一种烦恼吗？

智者：让我来回答你：凡事有利有弊，这是必然的。你要学会取舍，如果得大于舍，那么，那些小烦恼又算得了什么呢？

人们不会关注你付出的东西，他们不会在意你的过程，只评价你最终的结果。他们会奇怪你为什么能得到他们得不到的东西，然后他们会嫉妒你，再由嫉妒转变成愤怒，如果无法如愿以偿地剥夺你的快乐，他们会想方设法伤害你。假如你知道既然他们可以容忍你的平凡，却不能容忍你的出色，你了解越成功的人就越有可能会被妒恨，被打击，被侮辱，那么当你承受压力时，就千万别让自己陷入平庸。因为被嫉妒本身就是一种高度。

当你知道这些的时候，对他们说“伤害我没有关系”“至死都不会放弃我的梦想”“死都不会改变我要成功的目标”，他们肯定会更愤怒。然后，他们会回过头来佩服你，相信你，敬爱你。

苏乞儿：上师，你创造我到底是为了什么？我到底是谁呢？

智者： 很好，这个问题太棒了，你问得很好，你到底是谁呢？

如果我告诉你你是谁，告诉你你是我创造的生命中最美好、最非凡、最优秀、最成功的那个人，你会相信吗？

正是因为你不知道你是谁，不知道你的真实身份，你以为你的人生会很失败，你才会迷茫，才会痛苦。

苏乞儿： 是的，上师，确实是那样的。我的脑海被恐惧占据，可是为什么会这样呢？这些想法是怎么形成的呢？

智者： 它来自你的那些亲朋好友，那些所谓爱你的人，包括你的父母。

苏乞儿： 这怎么可能？上师，你肯定搞错了，他们是这个世界上最爱我的人，怎么会给我带来恐惧感呢？

智者： 难道不是他们对你挑三拣四的吗？不是他们让你老老实实上班不要胡思乱想的吗？不是他们泼你冷水的吗？不是他们要你安分守己的吗？

你的父母正是爱你才会怕你受伤害，其实他们比谁都希望你成功，可是他们看不到你的发光点，他们只会按他们的思维模式考量你的人生，他们认为你做不到就会为了哄骗你说你做不到，然而这一种爱必将害了你。

你也曾有过叛逆的时期，你不听他们的忠告自己跌了跟头，摔得很严重。你有过惨痛的经验教训，然后你告诉自己，要是再不听他们的话，那就糟糕啦。拜托，我现在告诉你，你要是听他们的话，那才糟糕呢。

苏乞儿：那你能告诉我，成功的动机到底是什么吗？

智者：成功的动机只有两种，不是追求快乐，就是逃避痛苦。任何成功都不会脱离这两种。

苏乞儿：好像是这么一回事，但是每次做决定的时候好像脑中都有顾虑，不相信自己，会非常害怕。怎么会有害怕这种感觉存在呢？

智者：因为你从小接触的环境，受到的教育让你生活在无休止的恐惧当中。你的老师总是告诉你，适者生存，不适者总会被淘汰，第一名才是最棒的，其余的都是笨蛋，最聪明的才会成功……没有人告诉你，感恩才是成功的捷径。所以，从小到大你拼命成为第一名、最棒的、最聪明的。如果看到自己在哪一方面比较落后，你就会痛苦，你会无助，你害怕失败，因为你受的教育就是“落后就要挨打”。

所以，你当然会害怕，因为你一直以来受到这样的教育。然而，我现在要告诉你的是：爱比怕更能让你成功。如果你选择了爱引发的行动，那么你的成就将是无止境的，你会成为真实的你和最棒的你。

苏乞儿：那怎样才能做到你说的这样呢？

智者：你必须抛弃那些世俗老师固有的观念，虽然他们的出发点是好的，可是他们给你灌输的知识却是错误的。有时候，特别是关键的时候，面对选择时，你要学会自己拿主意，要有自己的主见。学会听从你内心的声音，问问你自己什么才是你想要的，你想要的人生到底是什么样子的。你内心的声音在我看来是最有效的声音，因为它距离你最近。

你要问问你自己，你是谁，你到底想成为什么样的人。如果你想优秀，那么你就会变得优秀；如果你想成功，那么你就会取得成功。我已经说过了，所有的问题在你自己身上，你是你人生的编剧，你是你人生的导演，至于演喜剧还是悲剧，你说了算，演恐怖片还是励志片，也是你自己说了算。你是你人生唯一的创造者。那些大师都知道这个道理。

如果你还没有创造出真正的你，你就不是真正的你。

苏乞儿：好吧，我听明白了。我们继续吧。

智者：好的。

苏乞儿：亲爱的上师，那成功的第一步需要做什么呢？

智者：问得好。你需要认识你自己，说得明白一点就是，你必须对自己残忍一点，你必须要下定决心杀死过去的那一个你，然后再舍命救活你自己。现在我告诉你，你就是你自己的造物主，你必须去创造你自己，也只有你下定决心实现自己的价值去创造的时候，你才能体验到你是自己的造物主，你掌管自己的命运。你必须有勇气毁灭过去那个失败的自己，才能创造出完美的自己。

当你无法改变自己时，你的命运就成了定局。因为你过去的习惯成就了现在的你，如果你不打破过去的惯性，不敢革自己的命，你就永远无法从这个痛苦的圈子里跳出来，你的将来也永不改变。所以，你只有先下定狠心把过去失败的你杀死，忘记过去失败的你，给自己重装记忆，重新创造自己的人生，找到你的真实身份，实现我赐予你的价值，你才会拥有一个精彩人生。

所以，你现在的首要任务不是学习，而是知道你的真实身份，知道你是谁，你来自哪里，你来到这个世界上是为什么，在这个世界上你能实现怎样的价值。

这是我给你的作业，你必须要知道你是谁，你的人生使命是什么，这也是你灵魂深处的追求。

苏乞儿：上师，我总算明白了你对我的良苦用心，跟你对话让我心里明亮多了，心情豁然开朗，我一定完成你布置的作业，找到我是谁。

智者：很好。这也是我和你对话的主要目的。你曾经恳求我拯救你，我也曾许诺帮助你。你一定要把这次对话写成书，竭尽全力把我对你讲的话分享给大家，这也是你的作业之一。

接下来，你还会有许多问题要问我，我都会一一告诉你。我们的对话非常愉快，你是可塑之才，我们前面的简单谈话已经为接下来的对话做好了铺垫。节约时间，你再问其他问题吧。而且，你不要担心，我答应帮助你直到你成功，我一定说话算数，但前提条件是你要听我的话。

如果前面我们的谈话中，有什么你不明白的，别担心，很快你自己就会找到答案的。

对话第 4 天 | 你活该就是穷人吗

苏乞儿：亲爱的上师，我想问的太多了。有许许多多问题等待我提问。我能不能想到哪儿问到哪儿啊？

智者：好的，可以。成功人士都有一个共性，那就是他们喜欢纵容自己，随心所欲是最快乐的方式。我希望你能喜欢我们之间的对话，在对话中我希望你能开心。按你的需求，你想怎么问就怎么问吧。我会一一答复你。

苏乞儿：谢谢你。

现代社会，那些成功人士是不是知道些什么独门绝技，让他们从一个普通人走向成功？

智者：纵观你们现代社会，可以说每一个项目的成功，每一个活动的成功，每一项事业的发展，每一个人物的出名，等等，其无一不是周密策划的结果。所以，这个时代也可以说是人们借助策划创造财富的时代，利用知识增长智慧的时代。

进入 21 世纪，市场竞争骤然加剧，那些获得财富的成功人士的人生故事背后，往往隐藏着许多不为人知的精彩绝伦的策划。

苏乞儿：上师，我们当今时代就是以财富论英雄，看看我们每年全国各地甚至全世界的财富排行榜受到媒体和各界人士追捧的程度，就可以知道了。在商场，在官场，在情场，甚至在人们的日常生活中，崇尚财富，追求财富的故事，几乎天天都在上演。他们那么成功到底是为什么？

智者：那就是，策划人生，改变命运。

所有成功人士都知道当今社会已经进入智慧革命的时代。他们都知道智慧创造财富，策划决定未来。如何在竞争日益激烈的市场，提高个人的核心竞争力，获得可持续发展，是每个人必须面对的问题。但他们都明白，想要成功，单靠一个人的力量是不可能的，因此，他们都知道借用外来智慧，整合社会资源，策划未来职业、事业和财富，这是他们成功的首要因素。借力成功不费力。

每个人赤裸裸地来到人世间，又都赤裸裸地离开，都要经历生老病死和喜怒哀乐的自然规律。然而，善于策划的人成名了，成材了，成功了，富有了，一生过得轰轰烈烈；不会策划的人就生活得悄没声音，平平淡淡，有些人甚至贫穷不堪。就连同名同姓同一时间出生的人也仍然不可能有一样的生活道路，一样的前程和运势。你们凡人总是把它归为命运的安排，你们是上帝的造就，我已经明确告诉你了，我对你们每一个人都寄予厚望。

其实，只要你认真想一想，再好的命运如果没有个人的主观努力也是徒然，天上不会掉馅饼，地上也不会长钞票。再坏的命运只要经过个人不断的努力拼搏，还是可以改变的。

在你们这个竞争非常激烈的社会，每个行业甚至每个工种、每个岗位，都是僧多粥少，存在着你死我活的争斗，如果不奋起直追，参与竞争并且获得成功，就不能得到很好的生存空间。成功人士都敢于并善于策划自己的人生，在社会人群中，“二八定律”始终存在，20% 的人掌管 80% 的财富，这 20% 的成功人士几乎可以说都是经过策划才成名、成才、成功的，无一例外。

苏乞儿：上师，那么在当今社会，富人为什么富？穷人为什么穷？贫富差距为什么这么大？

智者：首先是在自我认知方面。穷人很少想到如何去赚钱和如何才能赚到钱，他们认为自己一辈子就该这样，不会有什么改变了。因此也就听天由命，甘于贫穷。而富人骨子里深信自己生下来不是要做穷人，而是要做富人，因此具有强烈的赚钱意识和成功意识。这是他们血液里和骨子里的东西，他们一定会尽可能地发挥自己的潜能，靠智慧致富。富人不论什么时候都显得非常自信，哪怕是身无分文，也敢闯天下。

第二是时间观念上。穷人的时间是不值钱的，有时甚至不知道怎么打发时间，他们无聊至极。一个充分享受充裕时间的人不可能赚大钱，要想悠闲轻松就会失去很多赚钱的机会。穷人的闲，闲在思想，闲在大脑，他们手脚都在忙，忙着去牌桌上多摸几把麻将，可以说是典型的穷人哲学——企图靠运气和手气就把别人的财富摸到自己的腰包里来。

人一旦带上穷人的烙印，一旦习惯了将自己的劳动当成资本，就永远不会去把脑筋变成一面聚光镜，去集聚别人的劳力和钱财。一个人无论以何种方式赚钱，赚多少钱，都必须经过经验的累积。一个腰缠万贯的富人决不会视时间如粪土，他知道，要拥有更多的钱必须牺牲相应的闲暇时间来换取。因此，富人的“玩”是一种工作方式，是有目的的“玩”。富人的闲，闲在身体，修身养性，以利再战，脑袋一刻也没闲着，思想随时都在运转和碰撞。

第三在休闲方式上。穷人在家看电视，被肥皂剧感动得痛哭流涕，还要仿照电视里的时尚来装扮自己。而富人在外跑市场，即使打高尔夫球也不忘带上项目合同，即使休闲也会思考赚钱的方法，也会学习别人致富的经验。

第四就是生活交际圈子不同。穷人喜欢走穷亲戚，穷人的圈子大多是穷人，他们排斥与富人交往，久而久之，心态也变成了穷人的心态，思维变成穷人的思维，做事也是穷人的模式。每天谈论着打折商品，交流着节约技巧，虽有利于训练生存能力，但眼界也就停留在这样的琐碎小事，将雄心壮志消磨掉了。穷人既羡慕富人，又对富人有种天然的抵触，经常用讥讽的语言谈论富人，并在内心藏着一把锋利的手术刀，准备随时解剖富人的“丑陋”，以显示自己的“优秀”。生活在穷人中间，很难对富人持有一种理性的认识，更难有一种平和的心态去学习富人的绝招。穷人的智慧多是停留在为了生存的层面上，要想跃上富人阶层的台阶，必须和穷人阶层说再见。而富人往往习惯于结交比自己有成就的人，他们总是喜欢扮演小弟，虚心向别人学习，从和朋友的交流中获益良多。富人虽然在某些方面也很蠢，但能够成为富人，就是不简单。所有赚到钱的人，都有不平凡的一面。

第五是归属感。穷人出身卑微，缺少安全感，就迫切地希望自己从属并依赖于某个团体，他们以这个团体的标准为自己的标准，让自己的一切都合乎规范，为团体的利益而奉献。对于穷人来说，在一个著名企业里稳定地工作几十年，由实习生一直干到高级主管就算是美得不能再美的理想了。穷人像颗螺丝钉，哪怕生了锈也要紧紧地钉在原地纹丝不动。穷人像颗种子，生命力很强，撒在哪里就在哪里生根开花结果。相反，那些团体的领导者通常都是富人，他们总是一方面向穷人灌输“团结就是力量”，如果你不融入自己的团体，你就什么都不是，一文不名。但另一方面，他们却从来没有停止过招兵买马，培养新人，以便随时可以将庸才替换掉。

第六是激情。能不能干成事，首先要看有没有激情。穷人没有太多的激情，他们总是按部就班，不会出大错，也绝对不会做到最好。这样的人是不可能冒险、顶压力、克服种种困难，领导团队成功创业的。大部分的穷人不能说没有激情，但他们的激情总是消耗在太具体的事情上：上司表扬了，他们会激动；商店打折，他们会激动；中了彩票得了奖，他们更会得意忘形。相反，富人却认为激情是一种天性，是生命力的象征，有了激情才有了灵感的火花、鲜明的个性，才有了强烈的人格感染力以及解决问题的魄力和方法。

第七是眼光。穷人很难有长远的眼光，很难不为财富折腰，也很难成熟长大。而富人成功的秘诀是：没钱时，不管多困难，也不动用投资和储蓄的钱，压力会使你找到赚钱的新方法。这是个好习惯。性格决定了习惯，习惯决定了成功。

所以说，穷人“穷”就是穷在观念，穷在思维，穷在态度，穷在行动，穷在没有动用脑筋、没有运用智慧去策划脱贫。富人“富”就是因为经常动脑筋，经常运用智慧去创造财富。策划的人生由于有目标、有计划，因而其人生是充实的，刺激的，完美的，幸福的，当然，也是富有的。

对话第5天 | 给自己列一份进阶清单

智者：孩子，我问你一个问题：人生下来就算是人吗？

苏乞儿：那当然，不算人算什么呢？

智者：我可以肯定地告诉你，人生下来还不算人，至少不是一个完整的人。如果把刚刚生下来的小孩放在狼群里，就是狼孩；放到野人堆里，就是野人。这些例子说明，人生下来还不算是一个真正的人，也不能算一个合格的智力产品。

苏乞儿：那刚生下来的人算是什么呢？

智者：人就好比你们的电脑产品一样，由于人的最大优势是智力，我们把刚生下来的人比作电脑的外壳，只有给他良好的教育，给他装上智慧的芯片，装上必要的软件，这样的人，才具有电脑一样的综合功能，也才具有智力，才能够理解问题和处理问题，这个装芯片装软件以及升级的过程，也就是你们的教育、培训、学习、锻炼、工作、劳动等的人生全过程。

每个人都有自己的梦想，做什么，怎么做，你都要有自己的设想，要一步一个脚印地去实现这个梦想，这就是人生策划。那些成功人士都知道，人生是能够策划的，人生成败不是命里注定的，也不是上帝安排的，命运就掌握在你自己的手中，成功人士都是通过一定的手段和方式进行策划而逐步达到自己的目标。

苏乞儿：上师，成功人士都有什么样的特质呢？你能简单给我列几点吗？我要朝这些方面努力。

智者：第一，渊博的知识。第二，超人的胆量。第三，独特的眼光。第四，冒险的精神。第五，快捷的行动。第六，创新的能力。如果你能具备以上所有的素质，那么成功一定会属于你。

现在我要你提前与未来相遇，这其实是个秘密，知道的人不在多数。

苏乞儿：提前与未来相遇？

智者：对，跟着我的问题走，我们来探讨一下十年后的今天你是谁。如果十年后，你与我再次相遇，并递给我一张名片，请思考：你最希望这张名片上有什么内容？名片上的职务或称呼是什么？这张名片上的什么内容让你骄傲呢？

可能上面的问题你从来没有思考过，那么现在，假设我们一起坐在时光隧道机里来到十年后的世界，也就是2024年。在那时，你会在哪家公司工作呢？哪个岗位？什么职位？做着什么样的工作呢？

认真地思考一下这些问题，问问你的内心真正想要的生活是什么样的。它将会改变你的人生，请你相信我。

苏乞儿：上师，我听得有点糊涂了，你能具体地给我解释一下吗？

智者：好，不懂就要问，这很好。其实十年后的你就是今天的你来决定的。如果一个歌手现在获得金奖，那么十年前就注定他的今天了，而不是十年后的他决定了他的成绩。你可能听得有点糊涂，这很正常。

就拿歌手来举例吧。想一想，假如十年后的你要成为一个著名歌手，你要知道，虽然我们不排除一夜成名的人存在，但是大部分的成功者是经过一番努力，脚踏实地一步步走向成功的。那我们现在把这个目标倒着推算：要想完成十年后的这个目标，五年后，你至少应该做到什么程度？是不是至少该有一张唱片在市场上很受欢迎，如果第五年你有一张唱片在市场上受欢迎，那么至少你一定要在第四年跟一家唱片公司签上合约，你在第三年至少有一套完整的作品，你在第二年至少要有很棒的作品开始录音了，你在第一年也就是明年，就至少要把所有要准备录音的作品全部作词编曲，全部把它们准备好，六个月之后你至少要把那些没有完成的作品修饰好，让你自己可以逐一筛选，你在下一个月至少要把你目前手边的曲子完工，你在下星期要先列出整个清单，排出哪些曲子需要修改，哪些需要完工，如果下星期你的工作都明确了，那么今天该做什么，明天该做什么，你是不是已经了然于胸了？

当然，我只是举了一个简单的例子，并不是每一个人都想要成为歌星，但是道理以及方法却适用于每一个人。孩子，你要记住，无论你的理想多么宏伟，成功一定孕育在每一天的努力里。你的每一天成就你的梦想，并不是某一天。

我曾听到你内心强烈的愿望，不然我们就不会对话了，你强烈的企图心会驱使你走向成功。我曾承诺会引领你直到你成功。

我会告诉你如何怀有一颗成功的心，如何跟阻碍你成功的人一刀两断，如何快速、轻松地找到人生导师快速迈向成功，如何让他们为你指明通往成功的道路。

不要羡慕那些大师，你按照我说的去做，很快你也会成为他们其中的一员，你要学会如何借用他人的想法、资源、金钱、时间以及才华打造你的梦想生活。你要知道你自身的真实价值，你还要学习跟成功人士交朋友。

孩子，成功到底是什么？

成功指金钱，还包括了生活。对你来说，富有代表什么？一所大房子？一辆好车子？名贵首饰？私人飞机？如果你这么定义“成功”的话，你就错了。你要知道，房子、车子、首饰、衣服这些都是金钱可以买到的东西，但有了这些并不代表成功。

你可能对我说的这些持反对意见，你十分想要这些象征社会地位的财富。我也可以坦白地对你说，你完全可以拥有这些，你完全可以拥有。这些地位象征物也确实会让你的生活更加愉悦舒适。我当然希望你拥有这一切，但我更希望你能更成功，更明白一个真理：真正的财富是时间。

苏乞儿：亲爱的上师，时间对每一个人来说都是公平的，每个人拥有相同的时间，但各自创造的人生却各不相同。

智者：说得对，时间只有金钱才能买得到，你的金钱越多，能够买到的时间也就越多。但是，要想成功，你必须要有一个正确的财富目标，不能只是凭空想想。

你要学着为时间，而非为金钱去工作。我告诉你一个秘密：当你赚钱是为了你的完美生活，是为了购买时间时，赚钱就非常轻松，你当然会拥有一个成功的人生。

我还要告诉你，你现在必须要转变固有的观念，成为有钱人是成功的象征，不是什么坏事情。不但要在内心排除那些旧观念，还要在你的内心建立新观念。你要相信你自己，其实整个宇宙中的金钱是无量数的，整个宇宙都在为你呐喊加油。我更希望你可以获取财富，为自己，也为他人。实际上，我对你们每一个人都是这样期望的。

孩子，如果你把我告诉你的这些全部付诸行动，你可以得到你想要的任何东西，这一点都不夸张。接下来的对话中，我还会告诉你很多成功秘诀，你不要着急，慢慢来，只要你认真听话照做，你绝对会成功。

苏乞儿：嗯，好的，亲爱的上师，我听话，我按照你说的去做。

智者：那好，接下来我将教会你如何走向成功，如何摆脱困境不再依靠别人生活，如何管理自己、超越自己、打败自己。我会教你如何开始行动，为了达成目标，你要做什么，怎么做。我会教会你如何找到贵人帮助你，我会告诉你如何减少恐惧增加自信……总之，你想要成功，还有一大堆功课要学习呢。不过你放心吧，我会帮助你走向成功，帮你成为一个成功人士，过自己梦寐以求的生活，我会教会你如何快速实现财务自由，如何快速走向成功……放心好了，所有你想学的东西，你都能够学会。

苏乞儿：我现在需要做什么呢？

智者：这一刻你要做的就是忘掉你的过去，彻底抛弃你原先固有的习惯，彻底颠覆你的思维方式。首先，请你拿出本子，尽情地在纸上写出你对金钱的真实感受，并思考一下：过去阻碍你获得它们的因素有什么？

接下来，打造你的梦想清单。在你的本子上列出你想要的东西，列得越详细越好。重点思考如果你拥有财富之后，你会做什么。不要想这些是不是不切实际，就按你自己的意愿尽情地写出来吧。你想要住什么样的房子，你想开什么样的车子……你想实现的愿望都列出来。成功者都会马上行动，你就从这点入手开始行动吧！我等你。

苏乞儿：好的，知道了。

[书写中]

苏乞儿：亲爱的上师，我按你说的都写出来了。

智者：很好，心里有没有一点轻松？

苏乞儿：嗯，是啊，轻松了很多。

智者：你写的这些都会变成现实，只要你想到的东西都会来到你的生命中，这其实是一个自然法则，它准确无误。

现在我给你布置作业：从今天开始，每天早晨和晚上对着镜子看着自己大声读一遍你的梦想清单，如果这其中的某一个愿望实现了，就用红笔轻轻把它划掉，再加入一个。就是这么简单。

苏乞儿：这听起来很梦幻呢！

智者：是有点梦幻，不过，只要你按照我说的去做，这份清单就像被施加了魔力一般，里面的内容会一一从你的梦想迈进现实。只要你相信，不信，你可以试试看。

苏乞儿：嗯嗯，好的，亲爱的上师，我都记下了，我肯定按你的要求去做。

对话第 6 天 | 只有一个终极目标

智者：孩子，前面我跟你讲过，成功者都会给自己的人生做好规划，必要的时候策划一下自己的人生，你还记得吗?

苏乞儿：记得记得，当然记得。

智者：我可是认真的，这些绝不是说着玩的。你要知道，那些大师都清楚这一点，他们可不是单靠自己才成功的，他们有朋友、导师、助手。他们懂得借助他人的智慧、他人的力量，帮助自己实现目标。

你要想成功，也离不开他人的帮助，这一点你要记住。

现在我还要告诉你，这其实也是个不为人知的秘密：要想成功不但要借助他人的力量，还需要借助精神的力量。那些大师都懂得成功不仅要依靠物质、人力来实现自己的梦想，还须依靠精神的力量。

那些大师相信精神的力量，不只是“相信”，他们是“十分相信”！

苏乞儿：亲爱的上师，我有点不明白你说的……

智者：没有关系，我解释给你听，很快你就明白了。在我向你展现精神的重要性之前，我们先来做点准备工作。我希望你能够配合我，把你脑中那些陈旧的过时的固有的想法全部清除干净，这样，你离你的梦想才会越来越近。

首先你要做的就是宽恕。他们或许是你的亲人，或是你的敌人，或许他们伤害过你，背叛过你，又或许他们让你恐惧让你伤心让你失望。现在你的新任务来了，那就是宽恕你脑海中能想到的那些人物，你要原谅他们。无论他们伤害过你、侮辱过你还是刺激过你，现在你的大脑发出新的命令，那就是你要原谅他们。

当然，你脑中的列表肯定不会完整，你漏掉了一个最主要的人物，那就是你自己，就是说，现在最重要的就是宽恕你自己。每个人都有过去，人无完人，孰能无过。学会原谅，才能前进。

第二步你要做的就是，下定一定要成功的决心，这是你迈向成功最重要的一个环节。你现在之所以没有成功是因为你还没有下定决心要成功。问问你自己，我说得对不对？

你之所以没有成功是因为你没有专注于自己想要的东西，你想成为有钱人就必须要专注于财富，喜欢财富，渴望财富，相信财富，全力以赴获得财富。

我可以明确地告诉你，你现在很贫穷，在某种程度上，你喜欢当穷人。你可能会反驳：我怎么会喜欢当穷人呢？

苏乞儿：对，我正要说出口。

智者：既然不想贫穷，那为什么不改变呢？只要你下定决心要成功，你的人生就会随着你的决心发生变化。从你下决心要成功，要成为有钱人，要帮助更多人，要让家人过上幸福的生活的那一刻开始，你人生所有的一切已经随着你的念想发生改变了。

用一句简单的话来概括，那就是：先从精神上做好接受成功的准备，然后你真的会成功。没错，就是这样子的。

苏乞儿：嗯，明白了。亲爱的上师，到底是什么原因导致过去的我没有成为有钱人？

智者：过去的你和大多数普通人一样，肯定是按非常严格的规制在生活，你认为财富离你很遥远很遥远。你经常对自己说，等我有钱了，我要怎样怎样。拜托，不是这样子的好吗？如果你认为等有钱了就能得到想要的东西，等有钱了才会过上梦想的生活，这么想，那你就大错特错了。如果你现在拒绝享受那些让你有成就感的美好事物，那你将永远不会成功。

苏乞儿：为什么会这样？

智者：因为你非常错误地认为你将来会成功，你将来会富有，那些大师从来不是这么认为的。他们都清楚：他们的成就就在当下这一刻，绝非将来某一天，他们现在就按成功者的思维模式生活。他们都明白：要想明天成功，今天就要按照成功的思维模式去思考问题。他们精彩地活在当下，每时每刻。

这是你要学习的秘诀中最重要的一个。

如果你的心思全部放在将来，而无视眼前的财富，如果你的内心告诉自己，现在你还不能成功，现在还无法过上梦想中的生活，那么你就会发出一个这样的信号给我——你现在不能成功，将来也不会成功。

你的态度让你感觉财富遥不可及，成功离你很遥远，这样的想法无法让你吸引财富的青睐。当你告诉自己要对你所拥有的一切充满感激时，你向我传递的信号就是你正在拥有，你值得拥有。如果你不懂对我所赋予你的事物感恩的话，我可能就不会继续赋予你更多美好的事物了，这其实是一个自然法则。

你要知道，这个世界上一定有比你丑、比你笨、比你矮、各种条件都不如你的人存在着。我说过我对你们每一个都公平对待，这些不如你的人，我会在别的方面加倍补偿他，其实那些缺陷正是我赐予他们独特的礼物。

你要知道，在这个世界上有很多人没有父母爱，没有食物吃，没有水喝；有太多的人生活在贫困地区接受落后的教育；有太多的人没有工作，非常期待能找到一份好工作糊口；有很多人身体不健全，没有手没有脚……相比起来，孩子，你是多么幸运。

现在，请你把你拥有的这一切和那些人作一下比较，你会发现自己多么幸福，因此，你要知足，你要对你目前所拥有的这一切说一声“谢谢”。

孩子，想要有成功人生，你一定要学会给予，因为所有你给出去的东西都会回到你自己的身上。

苏乞儿：亲爱的上师，我现在穷困潦倒，一无所有，身无分文，我能给予什么啊？

智者：你之所以没有成功，之所以穷困潦倒，就是你的这种思想导致的。你必须要改正，不要找任何借口。其实你错了，你能给予的东西太多太多了。

苏乞儿：我还是不明白你说的，上师，你给我举几个例子好吗？

智者：好，比如说，你可以给予别人一个微笑。这是每一个人轻易就能做到的，对于你们每个人来说都很简单，但大多数人却非常吝啬，连一个微笑你们都不舍得给予别人。你们无法想象，一个微笑对一个人的精神会有多么大的帮助，不论是给予者，还是接受者。

我这样说，你明白了吗？

苏乞儿：明白了。

智者：那你还等什么，现在放下手中的笔，对着你的镜子先给自己一个微笑吧。

苏乞儿：好的。

[微笑中]

苏乞儿：亲爱的上师，这感觉太棒了，我的心情好多了，这感觉真好。你接着说吧，我还能给予什么呢？

智者：给予感激。前面我已经说过，你要对你现在已经拥有的一切充满感激，现在就从感激我开始吧。感谢我们的对话，你要感谢你的父母把你养大，感谢你的老师教会你读书写字，感谢你还能活在这个世界上……要感谢的东西太多太多了。

渴了吧？现在站起来给自己泡杯茶，感谢为这杯茶做出贡献的人们，感谢茶农，感谢茶商，感谢你有水可以喝，这看起来很傻很奇怪吧，但是你们却不知道感谢的巨大威力。只要你按照我说的去做，将来也有很多很多人感谢你写的这些对话。孩子，你要对你的每一天充满感恩，你的生命将发生不可思议的变化。

你要记住，给予总会为你带来意想不到的收获。

你必须要百分百地相信这些法则，那些大师都相信。成功就是这么简单。虽然你还不知道给予的魔力，虽然你看不到整个人生格局，但你要相信成功非常非常简单，成功其实就在你的一念之间。

孩子，放手去做吧。努力让你自己沉浸在成功的喜悦里。要相信自己会成功，相信自己有权获得财富，有权获得幸福。

苏乞儿：嗯，我相信，我相信。亲爱的上师，如果要达成某一件事，是不是首先要设立目标啊？那些励志书都教导我要列出长期目标、中期目标、短期目标，大到二十年目标，小到周目标，日目标。

智者：那你实现那些目标，走向成功了吗？

苏乞儿：没有。如果成功了就不会有今天的对话了。我曾按照书上说的，把大的目标分解成多个小目标，按照事业、健康、家庭、人际关系等分类列目标已经列满好几页纸了。

智者：那我问你这些目标你实现了几个？

苏乞儿：一个都没有。

智者：这种列表除去浪费时间，就是让你写到手发麻，个人挫败感加强，此外还给你带来了什么？很明显，这种方法并没有对你的人生起到任何作用，否则你也不会与我对话了，你说得很对。

设立目标没有错，但假如这样做并没有让你的人生发生什么变化，那你就应该换个更好的方法来改变未来了。

苏乞儿：还有更好的方法吗？请你告诉我。

智者：你仔细思考一下就知道了，写下很多目标只会分散你的注意力和精力。如果没有实现目标，你内心就会产生挫败感，而这些挫败感不但不会使你成功还会让你自卑，那你的人生结局只能是以失败收场。你付出了那么多，这不是你想要的结果，对不对？

所以，现在我重新给你的大脑输入新的思想，赶紧把你写的那些密密麻麻乱七八糟的目标清单用力撕碎，狠狠扔进垃圾桶中。

深吸一口气，吐出来，这一刻，放松一下吧。

其实，那些大师那么成功，是因为他们的脑海中只有一个终极目标，那就是成功，其余的都是辅助这一总目标实现的分目标。他们从来不会列一页页目标，因为他们只有一个目标，那就是成功。但是，这唯一的目标，他们每一天都在为它努力奋斗。没错，是每一天。

从现在开始，这也是你的唯一目标。目标简单清晰，便是成功最好的开端。一旦实现这个目标，你就会过上最完美的生活，你之前列的所有目标都会实现，你会拥有两大财富：时间和金钱。

对话第 7 天 | 假装是个成功者

苏乞儿： 亲爱的上师，那需要怎么做才能实现这唯一的目标呢？

智者： 你只需要设下“成功”这唯一目标，就这么简单。你要不停地问你自己，要实现这唯一目标，我的每一天要怎么安排？今天我要怎么度过？今天要做什么呢？那些大师总是侧重于行动。

除了要设立“成功”这个唯一的目标，也就是你的终极目标，你还需要做一件事。

苏乞儿： 一件事？

智者： 对，你没有听错，只需要做一件事就可以了。

苏乞儿：那是什么？

智者：就是每天做一些帮助你实现这一目标的事。这其实也非常简单，只需要每天花费一点点时间就足够了。

孩子，放松一下，我们的对话换一种方式吧。现在，让我们一起来做个游戏。

苏乞儿：好的，我听话。

智者：现在，给你自己开一张成功支票，金额你可以任意填写。如果你有梦想，梦想要足够的大。记住，你所填写的金额足够负担所有你想要的东西就可以了，它可以大到让你实现一切你想实现的愿望。纵容一下你自己吧！

把你开的这张支票放在你的钱包里好了。收款人就是你自己的名字，收款时间你自己定。

苏乞儿：为什么要把它放在我的钱包里呢？

智者：当你每天往你的钱包放钱或者取钱的时候你都会看见这张支票，这样一天下来，你已经看过很多次了，你能感觉到自己的富有，这样就可以增加支票的魔力。你还需要对这张支票充满感恩之心。不需要做别的事情了，就这些吧。

这是你要做的一件事，做完之后，是不是感觉很简单？你填写得越快，你成功的速度也越快。所有的大师都知道这个秘密。

苏乞儿：我知道了。亲爱的上师，我将与谁分享我的目标呢？在追梦的道路上我不想孤孤单单一个人，我需要战友，我需要力量。

智者：很好。这一点你需要慎重选择，大多数人不会相信你会成功，因为每个人的思维方式不一样，你对他们说出你的梦想，可能他们已经笑掉大牙了，这对你的打击会很大。他们会嘲笑你，会名义上为了保护你，让你放弃那些他们认为天马行空不可思议的梦想，他们自己做不到就会认为你也不会做到，这样他们就“偷”走你的梦想了。

孩子，在你成功之前，你必须捍卫你的梦想，保护好它。你不妨让我来做你忠实的粉丝，我愿意在你的背后支持你，给你力量，助你一臂之力。

下一步，你要写出你想要的生活是什么样子的，写得越具体越好。

苏乞儿：为什么要这么做?

智者：它就是对你想要的生活做一个总结。每一位获得巨大成功的人都有一份清晰的目标宣言。在写之前，你要牢记，你必须听从你内心的声音，必须完全按照你自己的想法来写，不要纠结于“会不会实现”这样的傻问题。

你要抓住这个机会，认真思考你真正想要的是什么，你的特长是什么，什么是你的爱好，你想要怎样的人生。准备好了吗?

苏乞儿：好，准备好了。

智者：现在就开始写吧。一定要用心去写。

[书写中]

苏乞儿：我写完了。

智者：现在你已经知道你想要的是什么了?

你不需要告诉我是什么，你只需要自己知道就好。除了这些，你还需要大量的行动。没有行动的梦想都叫做妄想。行动是成功的关键所在，没有行动，一切都是空谈，那你人生的那个唯一目标永远不会实现。

记住，虽然你只需要这一个目标，但是，你必须每一天都要为这一个目标努力，都要施以行动。每一天都要努力，让自己离你的梦想近一点。孩子，你记住了吗？不要嫌我唠叨。

苏乞儿：怎么会嫌你唠叨呢？记住了，记住了，记住了。亲爱的上师，你说的每一句话我都记在心上了。

智者：那些大师之所以成功是因为他们知道自己今天要去做什么，明天要做什么，后天、大后天又要做什么。他们每一天都在行动。

就是这么简单，说起来很容易，做起来很难。最后，你要加油，为自己打气。现在你再次深吸一口气，慢慢地吐出来。做好准备，学习下一个课题：如何快速实现目标走向成功？

苏乞儿：好的，上师，我已经准备好了，我们继续吧。

智者：孩子，所有大师都知道以下这一点很重要，那就是活在当下，抓住每一分每一秒。这也是你要学习的秘诀之一。

多数人一心憧憬未来，忽略了眼前的财富。他们常常犯嘀咕：这不可能，我不会成功，这么美好的事情怎么会发生在我的身上呢？如果你也这样想，你就会对我发出一个信号，我根据你发出的信号反馈给你的结论是：你以后永远都不会过上梦想中的生活。因为消极的思想让你距离成功很遥远。不要不相信，不要把一切希望寄托于未来，不要思考未来怎样怎样。

我要告诉你，不要憧憬，现在就开始享受一切美好的事物吧。不是未来成功之后会达到一个什么样的生活状态，而是当下每一刻都决定你的未来。

你之所以遇到我，是因为你想改变你原来糟糕的生活状态。你想抛弃过去，迈过这道坎，勇敢走向未来。这很好，你没有错，但你也不要忽视现在。

我来给你做一下分析，你回想着过去糟糕的生活流下了泪水。你的工作、爱情、学业、事业都不怎么顺利，对你而言，过去的生活简直坏透了。你现在在人生的十字路口徘徊，你不知道该往左还是往右走，你不知道先迈左脚还是先迈右脚，你很迷茫很无助，不知道未来的日子里等待你的是什么，你对你的未来看不到任何希望。因此你想要结束自己的生命，然后遇见了我，你希望我可以给你一个成功的人生，美好的未来，你希望爱情事业双丰收，你希望得到很多人的爱，你想要自己的家人过上幸福的生活。这很好，这一刻，我告诉你，你完全值得拥有你想要的这一切，完全值得拥有。

你希望得到巨额财富，因为那是你成功的标志。你缺乏安全感，内心充满恐惧。你知道成功不但能给你带来财富，还会给你带来幸福。

我要说的是，正是因为过去的你非常失败，生活非常糟糕，被生活逼迫到无路可走，你才会遇见了我，所以先感谢一下，你生命中那些无法掌控的伤痛吧。那些伤害会滋养你，它们让你长智慧，从而使你快速走向成功。其实，真相其实是这样的，那些困难挫折是我送给你的生命小礼物，你的这一生，就像玩游戏一样。你们的这一生，我会给你们很多礼品盒，你要有勇气去把它拆开，没有走到最后，你怎么知道最后一个盒子里的礼物有多好有多棒呢？它有可能美好得让你难以想象。

我承诺过你，我会指导你走向成功，而此刻，我先给你一份大礼吧！

苏乞儿：嗯，谢谢上师，我充满期待，那是什么呢？

智者：我将告诉你，如何让你现在就过上成功的人生，以及为什么要这么做。这礼物怎样？

苏乞儿：简直太棒了，太酷了。

智者：孩子，你知道吗？真正的财富就是现在，这一刻，这一分，这一秒。你总是一边回忆过去的生活，一边祈祷未来的生活，总是一脚踩油门，一脚踩刹车，摇摇晃晃、无头无脑、没有方向地活着。我要你现在开始停止这样的想法，从你的过去中走出来吧，过去的已经过去了，过去的，无论好坏都不会回到你的身边。如果你整天想着你的过去，你将永远无法走向成功。

我绝不是危言耸听。

苏乞儿：亲爱的上师，那些大师在刚刚开创自己的事业，一无所有的时候，他们是怎样处理“想要逃离的过去”与“憧憬的未来”的呢？

智者：很简单，他们都会自欺欺人。

苏乞儿：什么？自欺欺人？

智者：是的，你没有听错，就是自欺欺人。他们虽然在刚开始一无所有，但他们知道一个方法，这个方法会教他们如何走出困境走向成功。

苏乞儿：那是什么方法呢？

智者：想知道吗？

苏乞儿：那当然，当然想啦。

智者：他们都掌握了一个武功秘籍，那就是在当下假装成功，这其实也是一个秘密。知道这个秘密的人是少数，现在我告诉你了，你可以做一下实验，自己亲身体验一下，自己试一试就可以了。把它看成一个游戏，这其实是蛮好玩的一件事。

走出困境走向成功的方法就是假装已经成功，在没有做成某事之前，那些大师已经假装自己做到了，他们总是按照成功的思维模式去思考问题，结果他们真的成功了。

这个方法威力很大，但是事实确实是这样子的，毫无疑问。

如果你想快速成功，不论你是谁，不管在哪个领域，你可能考虑走一走捷径。你可以按我说的去尝试一下吧。先找到你的偶像，分析一下这个人做了哪些事从而取得了成功。一旦弄清楚这一点，你就开始复制照做，根据因果定律，你也可以取得相同的成绩。

那些大师都知道这个法则，所以在他们没有成功之前先假装自己成功了，结果也如他们所愿。当你也按照我说的去做，你也会得到相同的结果。到实验最后，你无须再扮演“成功”这一角色，因为你即将获得真实的成功。

所有的成功者，都是自己生命的导演和编剧，他的人生故事由自己来创造，也只能由他自己来创造。他们都知道假装扮演成功这一角色的重要性，你如果也想要成功，很简单，照着做就行了。扮演成功，这是你必须要学习的课程。

对话第8天 | 信，则有

苏乞儿：亲爱的上师，那些大师是不是真像书中说的那样，总是打破常规、思想另类啊？

智者：那是必然的，成功者的人生字典里绝对没有“不可能”这三个字，他们认为只要活着，一切皆有可能。同时，他们只为成功找方法而不会为失败找任何借口。他们脑海中想的永远是“能”而不是“不能”。

你们大多数人都会找一大堆的理由和借口为自己的懒惰辩解。大多数人嘴上常说没有时间。我给你们每个人的时间都是一样的，一天只有24个小时，一年只有365天，每一个人都是如此。但是人与人之间的差距太大了，从现在开始，你要把你的心思和精力全部放在你想要完成的事情上去。你应该为时间工作，而不是为金钱工作。这一点你要搞清楚。

普通人没有主见，遇到困难总会认为难以解决，自己不够聪明，不够优秀。我们再看看那些大师是怎么想的，他们看起来比较蠢笨，总是把这些意思曲解开来理解。他们总是把这些负面的思想想成反面的，他们总是认为，不，可能！不，够聪明！不，够优秀！看出区别来了吗？人与人的差距就在这里。

苏乞儿：嗯，真的很棒，我听了受益匪浅。太棒了，我也要那样思考问题。

智者：孩子，开始结识新朋友吧。交友对你的事业来说也非常关键，好的朋友会希望你成功、富有，期盼你早日过上梦寐以求的生活。如果你的朋友不相信你会成功，对你除了怀疑就是嘲笑，他们总是感觉你很梦幻，你的梦想不切实际，如果是这样，请你勇敢让他们在你的人生中出局，去结识跟你志同道合的好朋友吧。

苏乞儿：我知道了。

智者：孩子，这一刻，我要告诉你一个事实。

苏乞儿：什么事实?

智者：你本来就应该有一个精彩的人生，你本来就应该遇见我，你本来就应该是一个快乐、富有、成功的人。摆脱过去那个糟糕的你，把过去的种种都从你的脑海中清空吧！现在我告诉你人生的真实面貌了，你应该快乐，应该富有，应该成功，应该幸福。什么颓废，什么落魄，什么失败，都离你太远太远了。因为你值得拥有最好的一切，你也有能力拥有那最好的一切，你是最成功的。其实，每一个人的人生都是这样子的，没有例外。

下面，问一问你自己，什么对你来说是最美好的事物呢?你心中最完美的生活是什么样子的?你的梦想是什么?你的今生要如何度过?你想为家庭做出什么贡献?你想为社会做出什么贡献?你想成为怎样的人?

回答完以上的问题，你就朝成功迈进了一大步。

苏乞儿：好的，我会认真思考。

智者：不用告诉我，你自己清楚就好了。

苏乞儿：好的。

亲爱的上师，我现在一无所有，我需要怎么做，才能让自己过上有钱人的生活呢？

智者：我教你一个方法，还是前面提到的假装哲学。你从现在开始，要让自己看起来已经是一个非常有钱的人了。你的穿着打扮都像是有钱人。这对你来说太重要了。

要想成为有钱人，要想拥有更多的财富，要想过上有钱人的生活，最好的方法就是创建一面“财富墙”。

苏乞儿：“财富墙”？

智者：对，“财富墙”！你把它当成自己赚钱的一个工具好了，一个走向成功、走向美好生活不可忽视的工具。

在你的房间里找一面墙，可以选择在你的卧室里、书房里或客厅里的墙，只要是让你每天都能看到的地方都是可以的。每天早晚看一次就足够了。你可以去商店买一个大大的相框，能装下证书那样大的，然后把这个空相框用钉子钉在这面“财富墙”上就可以了。

接下来，想象一下，如果你现在已经拥有了无穷的财富，过上了梦想中的生活，你想拥有什么，想用这些财富做什么。你把你想住的房子，想开的车子，想穿的服装，想去的地方，想拥有什么样的伴侣，把这些你想要的东西的图片统统贴在这面“财富墙”上面。

纵容一下你自己，大胆想象一下，把你偶像的照片剪下来贴上去，把你所有想得的奖项想得的证书都剪下来贴上去。就是这么简单。

现在你的“财富墙”已经贴满了你想要的东西的象征物，剩下的就是为了这些目标展开行动了。孩子，大胆去获取你应有的财富，去实现那个让你热血沸腾、不惜付出一切代价的梦想吧！

到这里还没有完成，要想成为大师，除了要付出超乎常人的努力之外，你还要跟自私说再见，你要与这个世界共同分享你的财富。你可以去看一看那些大师是不是这么去做的。

你的“财富墙”已经建成，还缺一样就圆满了。

苏乞儿：那是什么？

智者：那就是你自己。想象一下你获得了这些东西，你取得了成功，你会多么开心，你会露出怎样的微笑？好，停住。赶紧把它拍下来，就要这一张，把你微笑的这张照片放大，贴到你

“财富墙”的正中央。

苏乞儿：好，大功告成。

智者：孩子，这面“财富墙”是你创造财富最重要的工具，每天看几次“财富墙”，它会激发你去实现那些别人认为遥不可及的梦想。

孩子，听起来很夸张吧？

苏乞儿：嗯，有点，是有点夸张。

智者：这一点也不夸张，我说过你想要的一切美好事物你都有权利拥有，梦想大一点，你离成功就会近一点。你要记住，唯有不可思议的目标才能创造不可思议的奇迹。从这一刻开始，从这一天开始，按照有钱人的方式去生活吧。

要记住，你总是在你自己选择的道路上行走或奔跑，你的今天就是昨天的结果，倒过来推，你的未来就是由你的今天孕育的。

苏乞儿：嗯，亲爱的上师，我答应你，从今天开始努力朝梦想前进。上师，那我应该如何实现自我呢？应该怎么做？

首先，你应该认识你自己，然后接受你自己。其实人的一生就是一个认识自己的过程，只有了解自己真正想要的，才有可能成功。

苏乞儿：那我该怎么认识我自己呢？

智者：你首先应该像和我对话一样与你自己对话，问问你自己：你到底是一个怎样的人？你最擅长的东西是什么？你的优缺点是什么？你的终极目标确定了吗？

当你回答完这些问题，你就完全了解你自己了。找到自己的特长，把它发扬光大，那么你已经走在成功的路上了。

还有，你必须接受你周围的环境，不要抱怨也不要屈服。那些大师都是努力实现自我人生价值的人，他们总是与周围的环境和人际关系相协调，他们懂得如何不被环境左右，他们懂得利用资源来帮助自己实现目标。

你可以观察一下周围那些愤世嫉俗喜欢抱怨的人，他们是不是真的很倒霉，是不是一事无成。他们总是责怪他人，抱怨环境不公平，社会不公平，他们嘴里有一大堆理由，好像全世界都对不住他们。其实，这个世界是很公平的，你付出多少，你就一定会得到多少。如果你懂得接受环境并改变自己，发现别人的优点，那么，你会发现这个世界其实真的很美好，你会经常得到别人的帮助，人生中还会有很多意想不到的惊喜等着你。

如果你对世界充满爱，你会发现世界很美好。如果你对世界充满恨，你的世界一定很糟糕。不要忽视你的每一天，你的最终成就正是取决于这些平凡的每一天。

你要确定自己的方向，如果你想成功，想成为有钱人，就定好这个大方向，然后把它分解成小目标，一步一个脚印地去实现，这样才有可能成功。你必须认真地对待你的每一步，超乎常人地去努力。

如果你生来是要成功的，你必须为了梦想舍弃一些东西，比如睡觉，比如娱乐，放弃这些享乐的东西，我一定会在别的方面加倍补偿你。

你还要看清楚周围，不被外界因素左右，这样才有实现自己的机会。成功从不青睐注重享乐的人，随波逐流只会让你成为普通人。那些大师深知这个道理，所以他们会成功。

认识自己以后还要完善你自己。不要嫌我唠叨，前面我已经说过你必须知道你想要的是什么，你必须要知道，你这一生想成为什么样的人，你要明确方向，当你知道你想要的是什么的时候，实际上你对你的未来就有动力了。

比如说：你想要的生活具体是什么样的？你一年之内想要一

个什么结果？你三年之内要赚多少钱？你十年要达到怎样的成就？你人生的终极目标要什么时候才能实现？大多数人一生都不知道自己想要的是什么，浑浑噩噩地数日子度过每一天，他们缺乏目标，缺乏行动，所以他们的人生给他们的结果就是糟糕的。

在你确立目标之后，一定要采取行动，哪怕所有人认为这是白日做梦，这是遥不可及、不可能实现的梦想，你不要理会他们，他们说的是他们自己做不到，不是你。你只要认定了一件事，全力以赴，你就能实现它。

当你过去那些自我怀疑、自我设限的意识滞留在你脑海的时候，你要赶紧把它们驱除。你的过去的确非常重要，因为没有过去的你就没有现在的你，但是当下更重要，你的人生是一连串正在经历的“此刻”拼凑起来的。当你专注在自己想要的东西上，你就开始创造你精彩的人生了。忘掉过去，那对你没有一丁点好处，为什么要记住它呢？它就像一副手铐紧紧地捆绑着你，你好累是不是？把它打开吧，好好放松一下。

现在的你是全新的你，没有人能阻挡你前进，你可以拥有任何你想要的东西，只要你相信自己，你都会得到。勇敢地去追逐你的梦想，尽情地发挥你的潜能吧。

对话第 9 天 | 先习惯苦咖啡的滋味

苏乞儿：亲爱的上师，你能告诉我将来我会成为什么样的人吗？

智者：你到底会成为怎样的人，我说了不算，这是你自己创造的，你把你自己当成什么样的人，你就会成为什么样的人。所以你要仔细思考，你想把自己放在怎样的位置上？你把自己放在哪里？这很重要。

苏乞儿：上师，很多长辈都说人的命运都是天注定的，再努力也没有用，是这样吗？

智者：我现在问你，那些经常说这些话的人他们的人生是不是失败的？他们是穷人还是富人？

你不用说我就知道，他们大多数肯定是穷人，只有穷人才会用这样的思维模式思考他的人生。

穷人在财富上一无所有，但他们很有勇气接受失败，他们甘心情愿地受穷。他不只是跟自己说，也会跟别人说："人的命运是上天安排好的。"普通人认为，一切都是命运的安排，一切都是天意，自己不能掌控命运。当他们遇到困难看不到希望时，他总是认为命运已成定局，任凭自己怎么努力都无济于事。所以，他们安心坐在家里，脑海里从来不会思考如何改变自己贫穷的生活，仿佛成功的人生注定与他无缘。

又或者，刚开始的时候，他们也想过要改变自己的命运，但他们刚开始行动就遇见了困难，于是，他们就放弃了。他们心中总是认为那些赚大钱发大财有成功人生的人们是命中注定的赢家。其实，穷人之所以穷，就是因为他们的思想决定了一切，就是因为他们不懂得财富是从无到有的积累过程。认命的穷人总是问别人为什么自己贫困潦倒，却不知道他们所谓的命运之神就是他们自己啊。

如果自己认为自己注定一生平庸，认为自己是一个穷人很正常，那么他们这一辈子过得注定平常，因为他们安于现状，不再寻找任何好的机会改变自己的命运。

孩子，你可以观察一下你的周围，你会发现，即使给穷人致富的机会，他们往往也无法抓住这个机会。他们从不认为自己能够改变自己的命运，他们总是认为财富是上天赐予的东西。其实，只有在做好充分准备而又善于抓住机会的人那里，机会才是真正的机会。对于那些大师而言，即使眼前没有机会，他们也会找到时机为自己创造机会。

苏乞儿：上师，你说的这些道理我都明白，可是我身边总是有很多存在消极心态的人，我常常受他们的影响，我该怎么办呢？

智者：不要浪费时间去改变那些思想方面消极的人，那不是你要做的事情。你的任务就是把你自己的事情做好，专注于你自己想要的东西。你要做的就是把你自己变好，把你的人生创造好，别的东西对你来说都没有这些事情重要。

你要成为别人的榜样，要成功，要快乐，要幸福！如此一来，当你做出成绩取得成功了，别人看见你身上散发的光亮，他们就会主动向你靠拢向你借光。这是人的本性，我现在告诉你，能量是能够传播的，你要用行动去影响那些抱持消极心态的人群。

你最主要的任务就是要活出最棒的自己，你只管发光，他们看到后会向你讨教方法，这时你再告诉他们，你不相信什么命运，你只是信你自己，你的成功不是因为你的运气好，而是你采取了大量的行动靠不断努力换来的。

任何成功的背后都有艰辛的汗水，天上根本没有馅饼可掉，机会也不是等来的，而是通过持续不断的努力，拿真才实学奋斗出来的必然结果。

苏乞儿：上师，你能告诉我怎么能赚到很多钱吗？我问得是不是有点直接。

智者：你很坦白，这有利于我们的对话，没有什么不好意思说的。把我当成你最好的朋友，你想问什么就问什么好了。其实每个人努力奋斗，说得俗一点，初衷几乎都是为了让自己和家人过上好的生活才去奋斗，说简单点就是为了钱去努力。接下来，我教你赚钱好了。

苏乞儿：好啊，好啊。谢谢你。

智者：你要记住，首先你心中要有成为富人的强烈愿望。看看那些大师们是怎么成功的，他们都是怎么做到的，不是要你去刻意模仿别人，而是要你通过观察去学习他们成功的技巧，然后走自己的成功之路。

另外，找出你真正感兴趣的事情是什么，只有你感兴趣的东西你才愿意舍弃娱乐时间转而专注在它上面。只要你愿意把你大部分的时间花费在它上面，成功就离你不远了，赚钱对你来说太轻松了。要学习那些大师的思维，他们都知道致富是他们应有的权利，你也应该拥有财富，那根本就是理所当然的。

如果你想成为一名与财富为伍的人，那就必须清除陈旧的思维习惯，尽量摆脱那些古老教条的羁绊，要顺应时代的发展潮流，敢想敢为，最大限度地发挥自己身体里的潜能。

你想要赚到很多钱，就必须会管理你自己。那些大师从来不受别人的约束，但他们很会管理自己。他们按自己的思维方式走自己的路，他们总是敢于革自己的命，让自己的事业遵守自己制定的“军规”。他们总是对自己要求很严格。

孩子，还要告诉你一个通用的法则：假如你把自己为难够了，别人就不会来为难你了。

那些大师身上都有一股叛逆精神，他们总是不按常理出牌，他们有本自己的小天书。你如果想要财富，就一定要做生活中的叛逆者，不走寻常路，要有自己的个性，要敢于创新。也许，你的亲朋好友会打击你伤害你嘲笑你侮辱你刺激你，但是你的人生只能由你自己负责，你的命运又只能掌控在你自己的手中。你既不是你的父母，也不是你的朋友，你就是你，这个世界上只有一个独一无二的你。

孩子，你已经从过去的生活中总结归纳出许多宝贵的经验，你的小宇宙就要开始爆发了。你从一出生就注定要成功，你的骨子里流着成功的血液。你真实的情况，我都告诉你了，请你相信我。

苏乞儿：上师，我当然相信你，每一个人都是你说的这样吗？

智者：每一个人都是，我对每一个人都是公平的，没有例外。

苏乞儿：哦。亲爱的上师，我的长辈都希望我能够按照他们给我的安排去生活，我该听从他们的话吗？

智者：大多数的父母都是这样的，他们风风雨雨几十年就是为了给你们撑起一把保护伞。他们知道人生是不易的，他们拥有丰富的人生阅历，他们的经历告诉他们什么东西是最好的，什么东西是不好的。他们不想你们走弯路，甚至恨不得替你们去蹚一蹚深水。他们孜孜不倦地想把那些失败的经验教训快速传授给你们，让你们快速成长，成熟，成才，成功。他们的做法没有错，但亲爱的，那不是“爱”好吗？

那些知识、经验可能适合他们的年代和他们的人生，但这些东西现在对你来说，根本不适用了。

无论何时，你都不要过多依赖别人的经验，你要学会自己去蹚深水，去下海，你要锻炼自己去走自己的路。在今天这个变化多端的世界，那些老掉牙的经验已经靠不住了。你要相信自己，依赖你自己，那才是最有智慧的方式。

你怎么看你自己，这非常重要；你如何看周围的环境，这非常重要；你如何看这个世界，这非常重要。你眼中的自己，就是真实的你自己；你眼中的世界，就是真实的世界。

你要敢想他人所不敢想，做他人所不敢做，为他人所不敢为，敢于打破常规，敢于打破惯性，马上行动，这就是成功的智慧。永远记住，没有行动的梦想都是妄想。

苏乞儿：嗯。亲爱的上师，你说的我都明白了。目前我的爱情事业一团糟，我该怎么跳出这个糟糕的圈子从头开始呢？

智者：傻孩子，你现在虽然正处在贫穷中，但这只是你生命中一段很短暂的小插曲罢了，就连这些小插曲都是我精心给你准备的礼物。因为这些只是暂时的，并不意味着你永远如此啊。所以，不要烦恼，都会过去的，把一切交给时间去打理。现在你的当务之急就是要有改变现状的勇气和行动！

我说过，我对你们每一个人都是公平的。人生好比两杯咖啡，许多人选择先喝甜的，结果苦了一辈子；那些大师都懂得先品尝苦咖啡，那么熬过去，剩下的就只有甜的了。人生不是要苦一阵子就是要苦一辈子。我赐予你们自由的意志，从不逼迫你们，为难你们，先苦后甜，还是先甜后苦，你们自己选择好了，你们的人生全凭你们自己决定。

孩子，你现在不过是正在喝那杯苦咖啡，你还这么年轻，有大把的时间和机会，这些苦痛早些经历要好过晚些经历，你现在的困境对于你的整个人生或许是一件好事，这也说不准。不到最后，谁知道呢？

能否把这杯苦咖啡换成甜的，关键取决于你。如果你甘于现状，那我也无能为力。相反，如果你敢于反击，你的人生或许会有很大的转机。等你成功的那一天，你用汗水为自己酿造了一杯红酒，这时候你会感谢那些挫折。你会发现社会是一所最好的大学，你会发现挫折是一本最好的教科书。你会感觉自己无比幸运，你会为你自己喝彩，为你自己干杯！

其实，你们每一个人的脑中都有一个小宇宙，它每时每刻都在思考，一旦达到爆发的极限时，它将冲破黑暗，给你力量，给你智慧。

对话第 10 天　伯乐只会青睐扬蹄待飞的千里马

智者： 孩子，如果你热爱自己的生命，那就应该鼓起勇气走出困境，为自己创造一个精彩的人生。你绝对有翻身的能力。

那些大师从来不对生活的不如意以及不好的遭遇产生抱怨，因为那些挫折在他们眼中才是最好的“礼物”。他们遇到困难，总是思考：“为什么我这么幸运呢，为什么要让困难遇见我呢，是不是有什么缘故？”所以，他们不但不会被挫折打倒，相反，他们会用沉默的行动反击残酷的现实。那些大师从不知道如何退缩，只要他们活在这个世上一刻，他们就不在乎过去，他们只会不停地超越自己，不停地往前冲往前奔。

世上无难事，只怕有心人。只要你下定“一定要”的决心，为未来做一个改变的决定，一切美好的事物你都可以拥有。那些大师在有限的生命里取得了惊人的成就绝对不是偶然的，他们的成功取决于他们生命中的每一天的点滴进步，他们的成功和他们生命中的分秒日月皆相关联。他们知道，只有把握今天的人才能赢得明天。只要每天的自己都在进步，成功对于他们来说，那是必然的结果。

你要明白，在人的这一生当中，今天对于你们是多么重要，今天是你们唯一能抓住的东西。寄望于明天的人，注定是一事无成的人。普通人总是喜欢拖延，他们把今天的事情推到明天，明天再推到后天……一而再，再而三，事情永远没完。那些大师都懂得如何利用好“今天”，他们知道只有今天才能创造明天的希望！

所以说，不要等待明天，因为明天会发生什么谁也无法预料，把希望全然寄托于明天是非常不靠谱的。不要等到万事俱备才开始行动，因为只有马上行动，才会万事俱备。

行动的时候思想要专注，不要有所顾虑，不要把你宝贵的时间浪费在胡思乱想中。如果你无法做出行动，原因只有一个，那就是你不知道自己想要的是什么。

苏乞儿：亲爱的上师，我把你说的这些全部记下来了。谢谢你告诉我这么多。那些成功大师的经验我要不要效仿呢？

智者：问得很好，要知道实践是检验真理的唯一标准。在你没开始行动之前，成功经验都只是别人的，只有你亲自去体验，把目标完成，把梦想实现，你才会拥有自己的经验，而这份经验不是看看就能学会的，这条成功的小河你需要亲自去蹚才知深浅。

那些大师都知道经验来自不停的探索与实验，经验来自多次的失败当中，天下绝对没有哪一个人天生什么都懂，什么都会。虽然这个简单的道理世人皆知，但真正按道理去做的人少之又少！那些大师都懂得，行动不一定能成功，但是只想不做一定不会成功。

成功和失败有时候就在你的一念之间。所有的伟人，那些功成名就的人都知道选择比努力更重要，所以他们选择成功。他们还会为了达到自己的目标不惜付出一切代价，他们愿意为了目标毫无保留地贡献自己，他们愿意为了目标做应该做到的任何事，付出应该付出的全部时间。在他们眼里，永远没有借口，没有理由，他们的人生字典里更没有“放弃”，没有“如果”，没有“不可能”，更不允许有“失败”。

苏乞儿：那些大师都是怎么思考成功的呢？

智者：他们懂得运用信念的力量，你也要相信你的信念。一旦你知道了你的真实身份，知道你是谁，知道你的本质特性，你就真正知道了自己是个什么样的人。你知道你是怎样的人，你就能实现任何梦想，因为你本身就是过去、现在和将来的组合体。

前面我对你说过，那些大师在没有成功之前都会假装自己已经取得成功，不要嘲笑他们。因为这种假装是走向成功的第一步。

世界上的每一个人都具有无穷的潜力，这种能力是与生俱来的。可是大多数人并不相信这一点，他们安于现状，甘于平庸。现在我告诉你这个事实了，你要充分发挥你的潜能。

我给你们每个人的这一生都安排了很多次机会，但是很多人在机会来临前因为准备不足或是没有准备丧失了很多机会，你们总是责怪我对你们不公平，却从不思考自己的原因。

苏乞儿：机会是什么？

智者：机会只不过是万事俱备的人等到了一股“东风”而已。

那些大师在很多方面惯于打破规矩，但他唯一遵守的就是时间规矩，他们都明白无法管理时间的人，什么也不能管理。

他们从不幻想一步成功，一夜成名，他们都知道一口气吃不成大胖子，路是一步步走出来的。其实要达到目标就和盖房子是一样的道理，必须一块砖一块砖地垒上去。将大目标分解成多个易实现的小目标，一步一个脚印地朝梦想前进，每前进一步，每实现一个目标，都会体验到成功的滋味。这种递进的成就感会增加你的自信心，这种自信会推动你去努力实现下一个目标，最终使你取得成功。

他们总是能够很好地管理时间，时间对于他们来说就是金钱，那些大师都明白，他们抓住了时间就等于抓住了财富。

普通人常挂在嘴边的是“时间根本不够用的”，他们整日为了工作忙碌，总感觉时间是不够用的，同时也感觉钱不够花的，他们是时间的穷人。这些人开始抱怨，但上帝很公平地给每一个人同样多的时间资源，谁也不会吃亏，谁也不会占便宜。在相同的时间内，就看谁会管理自己的时间了。

有的人被时间约束，毫无管理能力，相反，有些人善于巧妙运用零碎的时间做有意义的事情。孩子，如果你对上天公平给予每个人每天相同的这二十四个小时无法做到有效管理，那么你的这一生会一事无成。所有大师都是那些时间观念强，善于运用时间，做好计划安排的人。

苏乞儿：那亲爱的上师，为什么有很多人迷失方向了呢？

智者：如果说人生是一场旅行的话，那你们应该找准了方向。只有拥有奋斗的目标才不会迷路，否则做再多无用的努力都是徒劳。

孩子，如果你还没有找到你的人生方向，要想改变你现在的状况，就要为自己定一个目标，始终朝着目标前进。只有这样，你才不会在人生漫长的旅途中迷失自我。

其实，一个人要想拥有成就，必须有一个明确的奋斗方向。生活中没有目标的人只能每天重复平庸的生活，那些大师都知道成功的起点是从确定目标开始的。很多人之所以不能成功，并不是因为没有天赋，而是因为他们没有朝正确的方向去努力。孩子，如果你还在迷茫，还找不到自我，那么当务之急就是给自己设定一个明确的目标。只有有了人生目标，你的人生才会有方向。

通向成功方向的道路有很多条，但你要明白，你的人生道路是你选择的结果，一步错，步步错。你今天的选择决定你未来的人生，当然，你的现状也是你过去选择的结果。成功与失败就在于成功者都会为自己选择正确的人生方向，失败者却为自己选择了错误的道路。

如果你想取得成功，就要让自己发挥最大的潜能，除了正确认识自己之外，还要给自己正确的人生定位。

我告诉你，这世界上根本没有无用之才，垃圾是放错了地方的财富，庸才是放错了地方的天才。其实，你们每一个人都有属于自己的天分，就看你们把你们的天分放在了什么地方。

每个人都应该对自己的人生有一个清晰的自我定位，但大多数人都没有这么做。成功者都拥有一个长远目标，而大多数人总是在不停地给自己定新目标，结果到最后一个目标都没有完成。一个有坚定目标并愿意为之努力的人，整个世界都会为他的梦想保驾护航。

苏乞儿：亲爱的上师，我经常会听到周围的人抱怨自己怀才不遇，会有这回事吗？

智者：在这个世界上，确实有很多人认为自己怀才不遇，他们的人生里没有伯乐。其实，他们不知道的是金子发光也是需要时间和机会的。他们总是抱着“是金子总会发光”的心态等待机会。事实上，成功是等不来的，即使机会就在眼前，也需要伸出双手去抓住它。

你总是会听到那些人抱怨命运不公平，抱怨社会没有为他们提供施展才华的舞台，没有给他们登台的机会。可是，机会只青睐于时刻准备好的那一小撮人。成功者都懂得，要想成功必须主动出击寻找机会，创造机会，而不是等待机会。

所以说，不要把自己的失败归咎于没有机会，机会只会留给那些去寻找它的人。孩子，只有勇于去做那匹主动追寻伯乐的千里马，成功才会如期而至。

对话第11天 | 梦想如火，先燃烧激情吧

苏乞儿：亲爱的上师，要想成功是不是要经历很多挫折与磨难？

智者：生命总有迂回曲折，每一个人的生命中总会遇到这样或那样的磨难，这就是现实的人生。那些大师在遇到不幸或磨难时，都把它们当成我赐予他们的礼物来看待，也有很多人，把它当成时运不济，不但不寻找出路，再尝试一次，反而仓促认命。那样的话，他们的一生都不会再摆脱这些失败的困扰了。

苏乞儿：那如果遇到挫折，该如何从容面对呢？

智者：你要清醒地认识自己，只有了解自己，才能找到导致这些问题的根源，从而克服困难。你还要正视挫折、正视现实。

那些大师总是在提高自己能力去改变环境的同时，也在发挥自己的潜能去改变环境。他们知道，挫折是他们人生中的一种挑战和考验，正是挫折使他们成长，从而变得成熟睿智。所以，对他们来说，没有什么挫折是不能战胜的。正视挫折，人生才会走得远。他们都知道，人是经过千锤百炼才变得成熟有智慧的，最重要的是从挫折中汲取教训，在教训中总结经验。

孩子，我告诉你，我赐予你们人对抗挫折的潜能是无限的，关键在于这种潜能能多大程度被发挥。世界上的失败只有一种，那就是放弃。当你遭受挫折时，你选择放弃，那将永远不会成功。

孩子，你愿意为了你梦想的生活而不惜付出一切代价吗？

苏乞儿：亲爱的上师，我愿意呀，我愿意，我非常愿意。

智者：孩子，你很幸运，你是幸运儿，因为你现在生活在充满机遇的年代，这样的时代机遇你应该把握住。任何人只有拥有足够的努力、耐心和远大的志向，命运之神才会眷顾他。那些大师正是知道这一点，才有了成功的人生。

听到这些，你是不是心里在犯嘀咕？

苏乞儿：嗯，我在想，我没有人脉，没有高学历，也没有资金支持，只要有激情、肯奋斗真的就可以创造一切吗？

智者：怎么说呢，那些大师成功的秘诀都是遵循三条很简单的法则。

苏乞儿：哪三条？

智者：热爱家庭，热爱工作，燃烧激情。就是这三点。

你不信？你认为只有这三条法则不可能成功，是不是？孩子，我向你保证，所有的大师都是因为这三点才获得成功的。

如果你没有做到第一点，那么，赶紧行动起来，不要懒惰。如果你不热爱你的家庭，不关心你的家人，后面我讲给你的话可能毫无价值。家庭对于一个成功者来说至关重要，如果你按我说的去做，把热爱家庭当作人生第一要事，同时努力工作，但是你仍然一点都不快乐，那只是说明你还没有燃烧激情。

孩子，尽管激情在成功秘诀中只占三分之一，但是它却是能否成功的决定性因素。

苏乞儿：燃烧激情是什么意思？

智者：每天早晨睁开眼睛起床工作之前，你都满怀憧憬，充满活力，因为你要迫不及待地起床，从事这个世界上最令你感兴趣的事情。你从不在意为它牺牲睡眠时间，你从没有计算为它工作多长时间，因为这对你来说根本不是一份简单的工作，那是你最爱的事业，你为它痴狂，即使没有任何报酬，你都甘愿为它起床。

孩子，我们现在来说一说你吧。

苏乞儿：好啊。

智者：你每天是在生活还是在谋生？你把大量时间浪费在不喜欢的工作或者其他事情上，为什么不好好利用这些时间做你喜欢做的事情呢？人生短暂，浪费不起，你要为你的人生负责任。为了更好的生活，你必须要做出更大的改变，改变你自己。

我可以告诉你，你现在拥有一个令人难以置信的机遇：你必须要用你额外的时间来改变你自己，为你的人生开辟出一条新道路，那才是最要紧的事情。只要你愿意燃烧激情，愿意生活在激情中，你一定可以取得成功。

另外，我要说，虽然我愿意指点你帮助你，可是你过去的行为习惯都是懒惰的。过去的你只想过得舒舒服服，安于现状，没有必要操心太多事情，有一份自己喜欢或讨厌的工作都一样，你一点都不挑剔你最终成为“月光一族”还是晋升成“星光一族”，你总是告诉自己，碌碌无为也是一生，怎么过不是过，很快就会过去了。可事实呢，过得去吗？这不就是你们多数人的内心独白吗？

苏乞儿：是的，我承认，我很惭愧，我要改变。

智者：我现在要你改变的思维模式就是要你去做你真正喜欢做的事情。

当然，工作稳定很可靠，生活舒适很难得。但是，你问问你自己，在这平淡的生活中，你自己能够掌控意外不会发生吗？你就是因为无法掌控这些，才被生活所逼迫，走到你人生的尽头，难道不是吗？

苏乞儿：是，是这样的。你说的就是过去的我。亲爱的上师，除了缺乏金钱，我愿意做出一切改变，好好生活，我愿意为美好未来努力，请你赐予我智慧吧！

智者：我坦白地告诉你，成功的过程需要花费很多的时间、精力和努力，正是这些改变了你的人生游戏规则。无论过去、现在还是未来，机会并不只眷恋有钱人，那些有钱人刚起步的时候也不是有钱人啊！机会眷顾每一个人，每一个人都拥有很多机会。

孩子，你要试图燃烧自己的激情，你不但会成为有钱人，还能完全掌控自己的人生命运。关键在于你自己。

苏乞儿：可是，上师，我不懂投资，我不会销售，也没有敏锐的商业直觉，我怎么迈出这第一步呢？

智者：这一点也不用担心，我告诉你，技术对事业来说不起重要作用，重要的是你的技巧。激情对你来说才是无价的，如果你对自己想要从事的工作充满激情，比任何人做得都好，即使没有敏锐的商业直觉，那又能怎样呢？你照样可以打造自己专属的事业。一定要做让自己快乐的事情，别把事情复杂化，要努力工作，向前看。

苏乞儿：可我没有背景，没有靠山，我什么都没有？

智者：你有你自己完全绰绰有余了。不要再找借口了，没背景没靠山有梦想也是可以的，你要为你的梦想永不停息，总有一天你会成功的。相信自己，但你要为这个梦想付出很多很多，多到别人的数倍也不为过。

我承诺过会帮你实现你的梦想，实际上，我对你们每一个人都是这样承诺的，一旦结束我们之间的对话，你必须掌握好自己的人生方向，不断调整提高你的目标。无论你以后获得多大程度的成功，或者取得多大程度的成就，你都不要有丝毫懈怠，不然你的人生道路上还会出现杂草。如果你停止了努力，我所告诉你的一切秘诀都会变得没有用处。因为你的成功完全取决于你自己的持之以恒。

你只有努力，远超于他人地去努力，才有可能获得成功。所谓努力，就是要将所有的时间花费在主要事情上，就是尽心尽力，就是全力以赴，就是快速反应，就是说到做到，就是有始有终，就是不断学习，就是注重效率，就是摒弃所有的负面情绪。所谓努力，就是为了你的梦想不顾一切地走在路上。

孩子，如果你非常想过成功的人生，想实现你的人生梦想，想拥有巨额财富，我告诉你，其实财富一直在你的身边，成功一直在你的脚下，你只需要大步往前走，你只需要伸出你的双手去抓取。所以，从这一刻开始，你不要再有任何抱怨，不要再哭泣，不要再为成功找任何借口。

你要知道，那些大师他们从来不为放弃找任何借口，他们只会为成功找有效方法。他们晚上七点到凌晨两点都不会休息而是在拼命努力工作，他们特别享受黎明前的工作状态。只要作息规律允许，你也可以试着尝试一下利用这段时间做点自己喜欢做的事情。我可以向你保证，如果你在做你最热爱的工作，你根本不会觉得累觉得苦。不信你就试试吧。

孩子，幸福、快乐、成功、富足、荣耀……这些人世间最美好的词语并不是某些人的专有名词，当然，也并不是人人都能充分享有。那些大师之所以拥有成功的人生，是因为他们非常清楚自己现在有什么，目前正处于什么状况，他们知道自己想要什么，下一步该做什么，他们认真对待生命中的每一件事、每一个人，他们慎重解决每一个遇到的问题。他们就像自己人生的高明导演，不仅关注剧情梗概，也关注每一句台词，每一个动作，他们获得成功当然是理所应当的事情。

孩子，你的人生路也要自己走，也只能你自己走，生活只能自己过。从现在开始，把握住自己的生命特性，掌控好人生方向盘，活出精彩的人生吧。

孩子，请你记住，你绝对可以卓有成就，尤其在这个社会上，你完全可以通过自身的努力做成许多事情。虽然现在你的生活乱成一团，没有关系，过去的已经都过去了。现在，你应该放下你的胡思乱想，不要在意别人的想法，学会放下那些烦恼，这是你最最应该做到的事情。原谅别人就是原谅你自己。

对话第 12 天 | 你只有现在，你只有今天

智者：孩子，今天我要告诉你一个事实。你要有勇气去面对它。这也是一个伟大的真理，它的伟大在于一旦你看破了它，就能实现自己的人生价值。

苏乞儿：亲爱的上师，那是什么伟大真理啊？我迫不及待地想要知道。

智者：现在，我要告诉你，你的人生苦难重重。

苏乞儿：啊？

智者：你听了不要害怕，听我慢慢说。这是个既定的事实，只要你能想通它并且接受这一事实，你的人生会步入另外一番境界。孩子，请你相信我。

许多人喜欢怨天尤人，他们总是抱怨社会不公平，他们认为自己是这个世界上最不幸的那一个人。其实，人生就是由一连串的难题组成的，你要勇敢地面对它，克服它。你们的人生是一个面临问题解决问题的过程。只有遇见困难遇见问题才能激发你内心无限的潜能，问题是失败与成功的分水岭。能够迈过门槛克服问题，你就能获得成功，不能解决问题你就只会乖乖地被问题打回原形，你前面所有的努力都将白费。

面对问题遭受的那种痛苦会让你快速成长，那些大师面对问题总是不因害怕痛苦而逃避，而是勇敢面对，直到战胜问题。

很多人之所以不成功是因为在某种程度上他们极度害怕痛苦，遇到问题就想做逃兵。当然，逃避问题的趋向是所有人的共性，所幸的是，还是有少数人愿意坦然面对他们遇到的问题和痛苦，他们把问题当成走向成功的契机，他们喜欢利用痛苦来锻炼自己的心智让自己快速成长。当然，这部分人就是那些成功的大师。

现在我告诉你这个事实了，你在面对问题时要学会让自己坦然面对，你要知道，那些所谓的问题所谓的痛苦对你的人生来说都具有非凡的价值。只有勇于承担责任，敢于面对困难，才能够使你的心智成熟。

苏乞儿：嗯，上师，你说的这些话，我都记住了。谢谢你，谢谢你，真的非常感谢你能告诉我这么多我不知道的道理，谢谢你来与我对话，谢谢！

智者：你以为这次对话是次偶然吗？你之所以能够遇见我，是因为你想从我这里寻找成功的秘诀。其实，你是促成这次对话的主角，不是我选择了你，而是你执意要改变自己的人生命运，选择遇见我。

苏乞儿：好。那么亲爱的上师，能否告诉我，如果我按照你说的这些秘诀去执行，何时我才会成功？

智者：真实的回答是，只有现在，根本没有时间这回事。

除去此时此刻之外，并不存在任何时间。所有的一切都是现在。

苏乞儿：上师，我听得有点糊涂了，那你的意思是说，昨天、今天与明天没有任何区别了？那怎么可能呢？

智者：对，说得很对，这根本没有任何区别。一切发生的事情都在发生，将永远发生。

苏乞儿：我更糊涂了。

智者：其实，只有一个时间段存在，那就是现在，这么说吧，昨天决定了今天，今天决定了明天，正是今天，此时此刻正在发生的才是最关键的一个时间点。

因此，你应该马上行动，从这一刻开始，千万不要等待，你想成为谁，你马上就能成为谁，就在这一刻。你将生活中的一切组合起来的所有小片段就会创造真实的你自己，所以每一时刻你都应该好好把握。

孩子，你一定要燃烧成功的欲望，做人就要做生活的强者，永远不要比别人差，才不枉在这世上走一回。当你看到街上宝马车飞驰，当你看到一栋栋联排别墅拔地而起，难道你真的不羡慕？你真不想拥有吗？

不要想那些都看上去遥不可及，你值得拥有，你可以拥有。

苏乞儿：想，非常想。亲爱的上师，成功和年龄、性别有关联吗？

智者：没有关联，一点关联都没有。成功和年龄没有任何关联，你千万不要自我设限。我告诉你孩子，没有追求的人生是乏味的，没有挑战的人生是空虚的，你应该思考一下，你到底想要什么样的人生？

孩子，我告诉你，成功很难，不成功更难！你如果仔细观察，就会发现，那些生活在贫困线上的人才是真的有耐心，他们以惊人的毅力忍受着不成功的现实和生活。大多数人认为成功很难，成功要付出很多的代价，改变自己很痛苦，所以他们甘愿平庸和平凡也不愿意去改变平淡的生活。

那是不是不成功不努力就会过得很自由很舒服了？事实上，不成功的人生非常痛苦。有的人不愿意付出一时的努力去换取一生的幸福，却心甘情愿忍受一生面对失败的痛苦。这听起来是不是非常可笑？但百分之八十的人就是这么做选择的。

孩子，你也可以选择不思进取，但你的生活不会因此而轻松，相反如果你追求成功，你的明天必定会很美好。那么，你是想选择改变自己，追求成功的美好生活，还是选择安于现状，得过且过一天天数日子呢？当然，我说过你有权利选择你想要的生活方式。

苏乞儿：我当然选择前者，必定选择前者。亲爱的上师，我们当今社会人才实在太多太多了，我能有立足之地吗？

智者：只要你努力，你一定会有立足之地，你要相信我。你们所处的时代是让人发挥聪明才智的时代，根本不存在怀才不遇，你们的生活中到处充满了机遇和选择。大部分人之所以不成功不是没有机会，而是当机会来临了，因为各方面的自身原因没有把握住。

苏乞儿：知道了。

亲爱的上师，有钱人也不一定比穷人过得幸福，可能他还会比穷人面临更多的烦恼，而且钱这个东西生不带来死不带走的，为什么还有那么多人愿意忍受痛苦与孤独去追求成功的人生呢？

智者：很简单，这一切都是因为爱。

苏乞儿：爱？

智者：没有错，都是因为爱。你仔细想想，是不是因为爱自己，所以才要改变自己的命运；因为爱父母，所以才要为家人创造更好的生活环境；因为爱孩子，所以力争让孩子将来一出生就赢在起跑线上。难道不是因为爱吗？爱是每个人成功的原动力。

苏乞儿：那导致贫穷的直接原因到底是什么？

智者：人之所以贫穷，是因为缺乏对名利、权位的强烈企图心，没有野心的支撑，少了奋斗的动力。这就是导致穷困的真正原因。

大部分的人习惯安于现状，日子一天天过去，他们便渐渐丧失了上进心。即使某一天行动了，只要遇上挫折，他们或怨天尤人，或垂头丧气，然后马上放弃。那些大师从不会这样做，无论在何时何地，他们心中总有激情，有希望。他们总是积极乐观地度过生命中的每一天，纵然历尽磨难，他们绝不动摇自己要成功的信念，所以最终拥有了成功的人生。

你这一生的路要走多远，只有你自己能决定。对于你们每一个人来说，人生就是一场比赛，只要活着就要不停地奔跑，奔跑，奔跑。在拼搏的过程中，你不能有一丝倦怠，否则就会被淘汰出局。孩子，如果你想要成功的人生，那你的每天都要有进步，每一分每一秒都要比前一分前一秒更努力！你可以观察一下那些大师，他们永远不会有退休，他们一直持续不断地努力，不断地超越自我。

大部分的人也曾拥有过梦想，也有过机会，有过坚持，但让他们坚持到底却很难很难。思想决定性格，性格形成习惯，习惯决定命运。一个人没有成功，绝对不是因为父母，不是社会造成的，而是他自己造成的。因为他们没有成功的习惯，没有成功的信念，没有成功的思维。

孩子，你要找到你喜欢做的事情，只有做你感兴趣的事情，成功的可能性才会增大。不要嫌我唠叨，我只是想说明它的重要性。前面我已经说过了，你只有找到你真正热爱做的事情，你才会成功。

苏乞儿：亲爱的上师，我怎么会嫌你唠叨呢，我巴不得你多唠叨一点呢。那该如何找到自己真正热爱做的事情呢？

智者：好，让我来帮你找到。

问一下你自己，什么是你没有报酬也想做的事情？如果你的生命中只能做一件事，那会是什么事？如果你能成为一个自己崇拜的人，那个人会是谁？想想你的天赋到底在哪里？

如果你能回答这几个问题，答案就知道了。

找到你的爱好，努力把你的爱好发展成特长，再把特长练成绝活，那就是饭碗。

苏乞儿：嗯，我明白了，谢谢你。

对话第13天 | 和你自己在一起

智者：孩子，如果不能选择你所爱的，就爱你所选吧。如果你想在某一行业或某一领域成就大业，就必须怀有巨大的热情和激情。

你只有把注意力百分百地专注在你想要做的事情上，你才会成功。那些大师都是这么来做的。

孩子，你要相信自己，总有一件事你可以做得比别人优秀，总有一个领域你可以出类拔萃。关键的问题就是，你要把它找出来，然后投入你全部的时间和精力，把它做得完美无缺。

世界上最软弱的是水，最硬的是石头，滴水却可以穿石，这是为什么？正是对于目标不懈地坚持与努力，才会有一番作为。在成功的道路上，你总会遇到许多无法预料的困难，但只要你坚持到底，永不放弃，勇敢直前，那些挫折都会变成你成功路上的垫脚石。

人生不可能是一帆风顺的，在追求成功的路上会遇到许多挑战，成功就在转弯处，只要你再坚持一天，一周或一个月，结果就会令你吃惊。如果你真心喜欢某件事情，如果你真心热爱它，就不要轻易放弃，在你坚持不下去的时候，再坚持一下就会有奇迹出现。记住，紧要关头不放弃，绝望也会变成希望。

苏乞儿：亲爱的上师，穷人和富人差距到底在什么地方？

智者：富人都知道一个成功秘诀，那就是：他向我提出的所有要求我都会满足他。这是一个事实，但知道这个事实的人太少太少了，现在我告诉你了，你也要把它分享给别人。

苏乞儿：好的，我答应过你，我一定会分享的，一定会。

智者：那些大师都知道，他向人生索求什么样的待遇，人生就会给予他什么样的待遇。如果你想在你的人生道路上实现你的梦想得到一切，你就需要有迫切的愿望。其实，你想在人生中获得什么，什么就在那儿等着你来获取。人生能得到多少，就看你要求多少。

你可以回顾一下历史，便会发现那些功成名就的伟大人物之所以会取得惊人的成就，都是因为他们对自己有更高的期许，他们总是不满足，总是想要获得很多，结果他们真的获得了很多。

孩子，你也是一样，你也有权要求得到更多更多，你值得拥有美好的人生，每个人都是如此。永远不要做生活的乞丐，你们每一个人都有机会成为富翁。

苏乞儿：上师，你能告诉我，一些人成为同龄人当中的佼佼者，是因为他们的先天优势异于常人吗？

智者：不是的！那是因为他们目标远大，并且能够坚定不移地向着目标去努力，最终登上成功的巅峰。

孩子，你应该用目标去管理你的人生，只有这样你才不会迷失方向。其实成功无非就是实现你的目标。你想在一年、三年、五年或十年之后有什么样的成就，你就应该为此设定相应的目标。

苏乞儿：亲爱的上师，能告诉我具体应该怎么做吗？我都会认真地记下来。

智者：你应该有个具体的目标，这个目标应该在你能力承受范围之内并且应该有一定的高度。目标太高达不到会让人产生挫败感，相反，太容易达到的目标也会让人失去斗志。这个目标应该让你热血沸腾，给你带来足够的动力。记住，唯有不可思议的目标才能产生不可思议的结果。人类因梦想而伟大，你的成就绝对不会超越你的思想。

你的目标要定下完成时间，一定要写清楚，否则就永远没有完成的那一天。一般没有期限的目标就是幻想，没有期限的目标等于白写。因为只有有完成期限才会有动力有压力，有压力才能激发出内心的潜能。

每个人的成功都需要时间的沉淀，当订下目标时，有些是本月完成的，有些是一年完成的，有些是三年五年完成的，有些是一生要完成的。所以，订目标一定要分短期目标、中期目标、长期目标。

孩子，每一天你不是选择成功就是选择失败，因为你的大脑中只能装一件事。如果你没有一个快乐的目标，痛苦便会趁虚而入。

苏乞儿：嗯，我知道了。上师，成功者有什么共同点吗？

智者：当然有，有很多共性。比如说，所有的大师都拥有非凡的自信，他们都相信自己会成功，他们总是斗志昂扬，对自己所做的事充满了必胜的、十足的信心。他们对自己评价都很高，这看起来或许有些自恋，在很多时候他们被很多人看作是“吹牛大王”，可是他们从不在意别人的眼光，最后的事实是他们吹的“牛”都成了现实。

孩子，我告诉你怎样牛逼的方式吧？

苏乞儿：啊？牛逼？亲爱的上师，你也会说这么时髦的词语？

智者：那当然，除了“救世主”这个称号，我还是你最好的朋友。你知道怎么牛逼吗？

苏乞儿：啊？怎么做？

智者：至于怎么牛逼，我分解开解释，用逆向思维解释。首先要“牛”起来，再要“逼”自己努力，不停地装逼，装着装着你就牛逼了，因为你装逼的时候是按照牛逼的思维方式思考问题的。所以说，装逼是牛逼的唯一捷径！

孩子，你认为自己能成为怎样的人，你就会成为怎样的人。

你把自己想象成什么人，你就会成为你想象的人。悲哀的是，大多数人把自己想象得太渺小，低估了自己的能力。仔细观察，你会发现，那些大师都会去夸自己比他人聪明，他们拥有非凡的自信，相信自己一定会成功，并且在对应的行为动作上表现出来这一信念。他们相信自己能够取得成功并坚信自己不会被挫折打倒。

一旦他们遇到问题，他们会总结经验并坚信自己最后定能战胜困难。你也是一样，你只要坚信自己行，你就一定行。

自信是人生路上的奠基石。它对人生的每个部分都有很大的影响，你只有对自己有信心，最终才会走向胜利。

在这个世界上，有很多人虽身处逆境，但仍充满自信，自强不息，奋斗向上，最终取得了令人瞩目的辉煌成就。

孩子，现在换我问你一个问题。

苏乞儿：好的，上师，问吧。

智者：谁是你最爱的人？是你自己吗？如果不是，从现在开始我希望你开始爱你自己。毕竟，每时每刻每分每秒你都跟你自己在一起，为了美好生活努力奋斗。你熟悉你自己，也只有你才能把自己塑造成你理想的样子。说到底，在这个世界上你最了解的是你自己，能改变你的人生的也只有你自己。事实是，你真的可以把自己改变成你最最欣赏的样子。

在这之前，你必须要做到：喜欢你自己，重视你自己，关心你自己，接受你自己。

因为只有你接受自己，喜欢自己，才能让自己过上充实幸福的生活。相反，如果你总是怀疑自己，甚至否定自己，那你永远不会成功。

你内心的那个声音，离你最近，他时刻准备抓住你的弱点，对你做出批评，让你背负令人痛苦的情绪，让你认为自己一无是处。那个消极的声音足够摧毁你的自信。

你要明白，那个消极的声音就是你的头号敌人。假如你战胜它，让它转变成一个积极的声音，你将对自我价值有积极的认识，只有你自信，才能去实现那些遥不可及的梦想。

那些大师都是拥有自信的人，他们喜欢自己，接受自己，总是善待自己。他们总是认为自己是最值得爱的，他们认为自己有价值，他们从来不在乎别人怎么看他们。

如果你能够喜欢自己接受自己，尽管你会犯错，你有缺点，你也会变得更完美、更强大、更成功。如果你喜欢自己，看到自己的优点，那就会有自信，就能更好地面对失败和命运给你的打击。你也将散发出独特的魅力，以宽阔的胸怀容纳别人，同时，你也能够充分地发挥自己内心的潜能去实现自己的梦想。

孩子，你的命运掌握在自己的手中。不论你身在何处，不论你过去的生命中发生过什么事，你都可以开始有意识地选择改变你的思想，进而改变你的命运。

苏乞儿：怎么选择我的思想呢？

智者：还是那句话，专注自己真正想要的东西。

我可告诉你，不论你的思想是有意识产生的，还是无意识产生的，你一定会让你思维中占主导地位的思想产生的结果为你的人生增光添彩。

如果你可以做到控制你的思想，你能控制自己脑海中想的是什么，那么你就可以掌控你的生活，改变你的命运对你来说就是小菜一碟，实在太容易了。

苏乞儿：为什么会这样呢？你的意思是我的思想对于我的人生很重要了？

智者：对，非常重要。所有的一切都来源于你的内心，当你能控制你的思维方式时，面对任何突发情况你都可以游刃有余地应对。

苏乞儿：亲爱的上师，这听起来太神奇了。

智者：这是事实，外部环境所发生的一切早已被你的内心世界所预见，并且早已存在你的心中了。

对话第14天 | 先相信，后看见

智者：前面我已经跟你说过，要想得到你想要的东西就一定要做到“先相信后看见”。大部分的人都是先看见再相信，有的人甚至看见了还要怀疑。

苏乞儿：亲爱的上师，这句话是什么意思呢？你能给我举例说明一下吗？

智者：好，我就这么跟你说吧。假如你想拥有很多金钱，那你首先一定要相信你会很有钱的这个事实，聚焦所有能令你有钱的有利因素，万分相信并感受自己已经有钱的状态。就是这么简单。

只要你相信会拥有，就一定会拥有。当你给你的潜意识植入这样的信念，它会给你带来所有你梦寐以求的东西。

我可以明确地告诉你，当你对这个意识深信不疑的时候，你想要什么，就会得到什么。那些大师都知道这个秘密。

你要学会把精力专注在你想要的东西上，并且相信你值得拥有这些最美好的东西，你就能心想事成。我可以肯定地告诉你，你可以做任何你想做的事，你可以成为任何你想成为的人。这真的很简单。

苏乞儿：亲爱的上师，过去的我也曾有很多梦想，我的梦想当中也有发财和成功，我感觉自己对于金钱、名利、地位的渴望也不比别人少，可是为什么我的所得却如此少呢？

智者：一个字：贪！你的杂念总是太多，你有很多小愿望，你自己刚才也说曾有很多梦想，你既想发大财又想睡懒觉，很多很杂的愿望之间产生了冲突，最终你一个愿望都没有实现。

苏乞儿：嗯，你说得太对了。那亲爱的上师，我到底应该怎么做呢？

智者：你不需要有很多梦想，你只需要有强烈的欲望就完全可以了，这种欲望要在其他任何需求之上。

每个人的精力都有限，你也一样，把你的精力集中在一个目标上就可以了。如果你把浪费在幻想上的时间投入到一个特定的目标上，你就会取得非凡的成就。

苏乞儿：那我应该怎么集中自己的注意力呢？

智者：只要你对某件事有足够的兴趣，就很容易集中精力。如果你对某件事情非常感兴趣，就不必担心无法集中精力了。把你最想要的东西装进大脑，坚定不移地相信自己，你的梦想就一定会嵌进现实中来。无论你想要什么，当你大脑中不断祈祷并坚定信念时，这个愿望就一定会实现。

那些大师之所以功成名就，他们住豪华别墅，他们花钱如流水，他们周游世界，都是因为他们大脑中早已将努力的方向锁定在一个点上，他们只有一个目标，这个目标非常明确，他们所做的一切都是为了达到这一终极目标。

孩子，你们都喜欢叫我救世主，其实我就在你们心中，一直跟你们同行。我愿意随时为你们效劳。你们想要什么，都可以对我提出要求，我都会让你们的愿望实现。

苏乞儿：我知道了。

亲爱的上师，那对于成功来说，什么才是最主要的呢？

智者：现在，我告诉你，很多人都在为成功找方法，虽然方法很重要，但真正决定成败与否的，其实是你的选择，你的决定。成功是一种选择。

苏乞儿：选择？你的意思是说，大多数人选择了失败？这怎么可能？怎么可能有人选择失败呢？

智者：那些大师之所以成功是因为选择了奋斗，选择了坚持，从而选择了成功。而大多数人不愿意做这个选择，不做这个选择那便是选择了失败，所以失败当然也是一种选择。

孩子，你们的人生不过是一连串选择的过程，你们每一天都在做选择题。从你早上睁开眼睛的时候你就开始做选择，你选择几点起床，几点洗漱，选择穿哪一件衣服出门，选择在哪里工作，选择与谁交友……你看看你们一天要做多少个选择？

苏乞儿：哇，真的像你说的这样。

智者：以上我说的每一个选择有大有小，每一天看似重复一样的生活，但你回头仔细看一看，其实每一天都会不一样。你的人生就是你成年累月选择的结果。

如果你的一个选择选对了，下一个选择也选对了，不断地做出对的选择，到最后必然会产生成功的结果。你看一下那些大师，他们的每一个选择是怎样的？相反，如果一个人选择选错了，又一个选择选错了，不断地做出错误的选择，到最后他的人生必定是失败的结果。如果你想要一个成功的人生，就必须要降低做错误选择的可能性，只有这样，你成功的可能性才会大点。

苏乞儿：那具体来说，我该怎么做呢？

智者：你首先得明确你人生真正想要的是什么，为了最终的这个结果，做出一系列的选择。你明确你想要的结果是什么，这本身又是一个选择。

再来看看你周围的人吧。有的人明明不喜欢自己的工作，但他选择继续做下去，一上班他就无精打采，要这样的人成功比登天还难。又比如，有的人身体不好，却选择睡懒觉不对身体进行锻炼，他总是说自己没有时间运动，以致身体越来越差，他难道不该为他的选择来买单吗？有的人希望赚很多金钱，他总是嘴上说说，从未去努力，这也是他做出的错误选择。

孩子，其实你的人生也是由一连串的选择组成的，你人生中所有的结果——过去的，现在的，未来的，成功的，失败的——都是你的选择。现在你就开始做选择吧。你选择快乐还是悲伤？

积极还是消极？贫穷还是富裕？坚持还是放弃？成功还是失败？记住，你做什么样的选择就会有什么样的人生。一旦你开始做出选择，你的人生也将发生改变。

你现在的落魄生活也可以告诉你，这是你十年以前选择来的恶果。当然，你也可以对我说，那我不做选择可以吗？当然可以，我说过我给你们自由的意志任由自己选择，即使你不做任何选择，你也是选择平平凡凡地度过一生了，因为你本身可以选择光辉灿烂的一生，但你却没有去选择。

苏乞儿：亲爱的上师，我听你的话，既然怎么都是做选择，那我选择改变，我选择光辉灿烂的一生。只是有时候工作真的很辛苦，薪水也少得可怜，有时候真想一辈子都不用工作了。

智者：呵呵，现在我要告诉你另外一个成功秘诀。这个秘诀可以让你现在就不用工作了。

苏乞儿：什么？我现在就不用工作了？天啊，亲爱的上师，这怎么能行，我现在一无所有，再不工作，我吃什么喝什么，怎么养活自己啊？

智者：是的，你没有听错，你现在就可以一辈子不用工作了，那些大师都是这么做的，然后他们获得了一个成功的人生。

你会了解到那些大师怎么做到不用天天工作但有花不完的金钱，你想不想知道这是如何做到的？

苏乞儿：想，当然想。

智者：让我告诉你，那就是他们都找到了一份真正喜欢的工作。当你找到一份你真正喜欢的工作并且一辈子从事它的时候，事实上你是从事你的兴趣，并不是在工作。

我可不是跟你开玩笑，只有做自己喜欢的事情你才会快乐，这也是成功的秘诀之一。大部分人都在为赚钱而工作，为了生活而工作，迫不得已在工作，根本不喜欢自己的工作，毫无激情地对待工作。这样的人，怎么可能成功呢？

成功需要全力以赴，只有全力以赴对待你的事业，你才有可能成功，如果你对你从事的工作毫无兴趣，追求成功的过程中会遇到很多挫折，你不爱它，对它没有感情，那你就很难坚持到底。

那些大师成功的原因就是找到自己喜欢的事情来工作。一个人一辈子做自己不喜欢的事是最悲哀的事情。因为他把生命中大部分的时间奉献给了痛苦，还谈什么成功？所以，你不一定要把兴趣当成工作，但一定要把工作当成兴趣。

苏乞儿：亲爱的上师，如果我要成功，“名”和“利”该怎么衡量呢?

智者：你要想成功，千万不要以“利”为目标，也不要以所谓的“名”为目标，那不是你应该有的目标，那些都太肤浅了。假如你以成为行业中最顶尖的专家或大师为目标，你定会成功，当你做到这一切，“名”和“利”也会到来。

换句话说，如果你成为你行业中的顶尖高手，你一定会有很多钱，只要你是行业中的第一名，你一定会出名，自然，你也一定会成功。

无论做什么事，要做你就要做最好的，只要你成了最好的，世界上所有美好的事物都会向你靠拢。

对话第15天 帮助别人美梦成真，就是帮助自己心想事成

苏乞儿：上师，貌似所有的大师都有顶尖的人脉资源？

智者：对，你说得很对。孩子，接下来我要给你分享另外一个成功的秘诀——帮助别人美梦成真，就会帮助自己心想事成。

那些大师之所以拥有顶尖人脉资源是因为他们都知道，要想“得”必须先“舍”，他们都懂得先帮助别人得到别人想要的，当他能帮助别人得到别人想要的，他就会拥有他自己想要的。

大部分人怎么思考？他们总是想怎么从别人那里占到便宜，他们总是想从别人身上得到什么，从来不思考能给予别人什么，他们这么做，朋友就会越来越少。

孩子，你应该向大师学习，想想自己能给予别人什么，当你持续不断地坚持，并且大量帮助别人的时候，也就是你该成功的

时候了。因为那些曾经从你这儿获得过帮助的人会慢慢积成一股强大的力量，等待有朝一日加倍偿还你。孩子，你一定要学会帮助别人，要给人正能量，因为总有一天，你给出去的正能量会回来补偿你。

你可以观察一下，那些成功的人是不是主动付出的人，所有的领导者都是先服务别人的人。而普通人都是等待别人先付出的人，他们总是希望别人先服务他，好像所有人都应该帮助他才对。他们只想索取，从不愿意付出，所以他周围的朋友都会远离他。失去了众人的支持，当然不会取得成功。

孩子，你要知道这个世界上每一个人都有长处，每个人都能给你些许帮助。同时，每一个人也都有短处需要你的指点。我要告诉你的是，如果你能帮助别人美梦成真，你自己也会心想事成！

苏乞儿：嗯，我记住了。从现在开始，我要按照你说的去帮助别人。

智者：好，你进步很快，我们现在进入下一个课题。有一件事我一直没有告诉你，现在我感觉时机成熟，要告诉你。

苏乞儿：时机成熟？什么事呢，这么神神秘秘，我亲爱的上师，请您告诉我吧！

智者：从一开始我就想要告诉你这个事实，你是最棒的！

苏乞儿：我是最棒的？以后的事情还是未知，至少就以前和现在的状况来看，我的生活一团糟，怎么还会是最棒的呢？

智者：你之所以会来到这个世界上，是因为你在你母亲身体里的时候战胜了数十亿个竞争对手后才出生。孩子，你是天生的赢家，其实，每个人都是，只是你们没有意识到而已。

你的皮肤、掌纹、声音、面容及体形，在这个世界上，有史以来没有第二个人的和你一模一样，以前不会有，以后也不会有。你在这个世界上是独一无二的。

那些大师全都相信自己是最棒的，当他们相信自己的时候，他们的思维就会达到巅峰状态，进而产生超强的行动力以及无与伦比的自信。

下面，我要告诉你如何轻松达成你的目标。

当你树立一个大目标，可能你会想，这目标太大了，我该怎么实现呢？

苏乞儿：对啊，有时候设定目标后，我常常会这样想，那怎么做才能让目标轻松实现呢？

智者：我问你，如果你饿坏了，我给你一个香喷喷的面包，你根本无法一口把它吞下去，但你会放弃吃它吗？

苏乞儿：当然不会，既然无法一口吞下，那就一口一口地吃吧。这么简单的事情，小孩子都知道该怎么去做。

智者：很多人吃东西，他不会放弃，但是谈到完成目标，他就连小孩子都会的方法也不会，这看起来很可笑，对吧？但是百分之八十的人在遇到困难时都是这么做选择的。

完成目标和吃饭是同样的道理，你之所以实现不了目标，那是因为你不知道将大目标拆分成小目标去完成，大多数人总想一口吃成个胖子，那太不现实了。

所以说，要实现目标必须掌握两个原则：第一，把总目标拆分成多个小目标；第二，目标一定要有完成的期限。

如果你把大目标拆分成每天每小时每分钟要做的具体小事，将大目标拆分成多个中目标，中目标又分割成许多小目标，小目标又细分成更多细小且容易实现的简单目标，那么只需要按部就班完成每天要做的事情就可以实现终极目标了。简单目标当然容易达成，小目标实现了，中目标当然也能实现，中目标达成后大目标就不是很难了。其实，实现任何目标都不难，关键在于拆分目标。

大目标的实现在于小目标的累积，大成就的达成也在于小成就的积累。古语说得好：不积跬步，无以至千里；不积小流，无以成江海。成功就是把每一件小事做好。

是不是听起来非常简单？

苏乞儿：嗯，听你这么说是很简单。

智者：其实，成功确实是简单的，成功就是简单的事情重复做。大家都知道这个简单的道理，那为什么成功的人是少数呢？因为大家都不屑去做“小事”，谁去做，谁就会成功。

苏乞儿：那为什么大家都知道设定目标的重要性，但成功的人却是少数呢？

智者：那是因为大多数人忽略了计划的重要性。

事实上，真正能帮助你成功的是你的计划。不要只用设定目标来安慰自己，一定要用执行计划来激励自己。

当你确定好自己的总目标，也定了合理的完成期限，也细分成长期、中期、短期目标后，你还应该制定如何实现这个目标的具体计划。这个计划就是用来督促你行动的。

有计划跟没有计划是不一样的。大师都知道他们的成功是计划的成功，只要按照自己制定的计划去做，都会得到所预期的结果。

苏乞儿：那为什么还是有那么多人没有成功呢？

智者：因为他们根本就没有计划。没有计划就是计划失败，有计划就是在朝着成功一步一个脚印地迈进。

苏乞儿：亲爱的上师，到底是因为什么那些大师能拥有不平凡的一生呢？为什么有的人穷困潦倒？有的人却功成名就？到底是什么因素导致有人成功致富，有人却贫困一生？那些大师到底知道什么秘密，为什么机遇总是眷顾着他们？

智者：他们的成功人生取决于他们所做的决定。其实每个人的一生都取决于自己所做的决定，不论成功或失败都是这样。

不管你的境遇现在是怎样，过去是怎样，从你做决定那一刻开始，你的命运也开始在发生改变。你的现在，就是过去你做的许多决定而产生的，想要知道你的未来是什么样的，那就看现在的你做出什么样的决定了。

现在的你要想想，十年后的你，到底要过什么样的生活呢？你是否愿意现在就做出决定，为了你梦想中的生活要牺牲什么？你要怎样改变自己？当你做出这个决定，马上行动，坚持住，你的人生命运真的会被改变。

你也许会反驳我：我现在并不打算做任何决定。很好，不做任何决定是吗？其实，你不做任何决定也是在做决定，你决定平庸一生，决定让你的命运随波逐流。因为，不做决定也就是你决定要不做积极的决定了。明白了吗，孩子！

苏乞儿：嗯，我明白了。从此刻开始，我已经决定要为我的梦想努力了。

智者：相信我，任何人都有能力改变自己的人生，现在就做出决定努力奋斗吧！想好了马上行动！你不妨从两个角度观察成功者。首先，他们通常具有强烈的目标感，他们非常勤奋，极其专注。其次，他们清晰地知道自己的主要目标，然后付出远超常人的努力，在绝望的时候挺住，所以他们成功。

苏乞儿：亲爱的上师，为什么生活中有很多人想赚钱想了好久，最终也没有赚到钱，这到底是为什么？

智者：问题当然出在他们自己身上。这些人的主导思想就是，他们虽然想赚钱，却认为钱不一定好，也许他们自己都不知道自己的内心有这种想法。他们总是抱怨赚钱真累，赚钱真难，赚钱太辛苦了。

有的人甚至还会认为有钱的人多数不幸福，有钱也不一定是好事，有钱很腐败。有这种想法的人，他的经济状况一定不佳，因为他不喜欢钱，他虽然意识上很想赚钱，但潜意识里却无比讨厌金钱，这种矛盾的心理怎么可能会让他成为有钱人呢？

我告诉你，孩子，就算他们面前有赚钱的机会，他们也把握不住，就算钱到了他们的口袋，钱也会自己流走。

苏乞儿：为什么会这样呢？

智者：人喜欢与接受他的人做朋友，金钱也是一样的，如果你脑中不断地想它怎么不好，讨厌它，它怎么会来到你的生命中呢？

这好比你开一辆车，你一脚踩刹车，一脚踩油门，车子会动吗？当然不会动。大部分人很想赚钱，脑中却不断地想它如何不好，心中不停地说它如何不好，这样的想法只会让他处在矛盾与痛苦之中。那些大师才不是这么做的好不好？

那些大师都非常热爱金钱，他们总是想金钱是非常美好的。他们喜欢金钱，觉得赚钱的感觉非常棒，总是做好准备迎接金钱的到来。他们珍惜赚钱的机会，掌握赚钱的方法，所以会吸引到很多金钱。因为他们热爱钱，喜欢钱，自然也非常珍惜钱，他们当然会成功致富。

对话第16天 用“付出”交换“获得”

苏乞儿：那些大师总是认为贫穷是罪恶，贫穷是无能的表现。他们总是想贫穷是不对的，不可以没有钱，赚钱是非常美好的，有钱能帮助别人这是多么有功德的一件事。他们都非常热爱金钱。

上师，假如我也想赚钱，正确的做法应该是怎样的？

智者：大多数人贫穷不富有，他们的想法就是不正确的。那些大师总是这样认为：贫穷是不对的，人不可以没钱，赚钱是应该的，赚钱是每个人的分内之事，有钱才是正确的。因此，他们都非常喜欢金钱。

假如你想富有，首先你就要改变你的思想，尤其是把你脑海中所有对金钱的负面想法全部格式化。你要在脑海中建立对金钱的喜爱，这是每一个大师都做过的事情。如果你也让自己的思想转变成这样，那么你和他们的命运肯定是一样的。

所有财富的拥有或失去都在于你的思想。

现在认真想一想，问一问自己，钱对你来说有什么好处？有钱你可以得到什么？有了钱你要帮助什么人？

苏乞儿：那亲爱的上师，我还需做什么呢？

智者：现在就肯定地告诉你自己：“钱是最好的！赚钱是最开心的！钱是完美的！我喜欢钱！我热爱钱！有钱的感觉真好！”你可以尝试一下，每天早晚说十次。

苏乞儿：啊？这看起来是不是很奇怪啊？

智者：呵呵，找到你失败的根本原因了吧？

如果你不敢说出这一类的话，那你就更应该为之改变了，因为大多数人都不敢说，也不愿意说，而那些大师都知道这个秘密，只是他们没有说出来罢了。你为什么不敢说？因为在你的内心深处还有对金钱很深的负面影响在作祟。

只要你按我说的话去做，慢慢地，你就会建立对金钱的正面联想。这时候，你会发现自己不但积极地想要赚钱，而且你的心底会非常快乐，你对自己也有信心，那么，你一定会成功的！

苏乞儿：好，我保证百分之百地听从你的话。我按照你说的去做。

可在生活中我发现很多人也非常喜欢钱，却为什么还是赚不到金钱呢？

智者：哈哈，很好，你进步非常快，这是我即将告诉你的第二个转变。你必须要改变的第二个思想就是：要相信自己能赚到钱，要相信你自己能成功。那些人之所以没有赚到钱，就是因为他们打心底压根不相信自己会赚到钱。如果你不想跟他们一样，那么，你的思想必须要转变。

苏乞儿：可是，亲爱的上师，我还很年轻，也缺少阅历，也没有人脉……

智者：你看你，又来了！找到问题的根源了吗？你回头看看你自己说的话，不是借口就是理由，这样思考的话你要想成功就太难了。

我可以明确地告诉你，世界上的大师多数是在年轻时获得成功，并赚到钱的，不信的话，你可以查历史自己去看看。那些大师年轻时就已经赚大钱了，他们能做到，你为什么不能？要相信自己能，你也能，你也一定能！其实，所有的人都能！你和他们之间的差距就在于你总是为自己找借口。

我告诉你，你想赚一元和赚一百万对你来说其实是一样的难度，这个世界根本就不缺钱，问题出在你自己身上，你想赚多少，你就能赚多少，相信自己能赚多少，你就一定能赚多少，你也一定有能力赚多少。我再说最后一遍，问题都出在你自己身上。

你必须要做到相信自己能做到，不要管你周围的人怎么看你，怎么想你，怎么说你，不要在意他人的眼光。他们说你疯也好，说你傻也罢，你都应该坚信自己能赚到，坚信自己能成功。

苏乞儿：为什么要这么做？

智者：因为你一旦相信自己能成功，你全身的潜力就会被激发出来，你的思维模式会跟着改变，你的行动自然也会改变，你的人生当然会与众不同。

你再回头看看，普通人为什么没有成功？他们总是认定自己做不到，认定自己没有能力，这一点他们倒很坚定。他们不相信，当然他们的思维就会局限于不会的，不可能，做不到。他们又怎么会积极地行动呢?

当一个人不相信自己会成功，教他再多成功的方法也是没用的。

现在我告诉你了，成功是非常容易的，赚钱也是非常容易的，现在你知道那些大师是如何赚到钱的?他们采用了什么方法?他们知道了什么秘密?他们怎么思考问题的?你只要搞明白了这一系列的问题，你也会跟他们一样成功的!这是必然的结果。

假如到现在你还是不相信自己会成功，那你就已经无药可救了。如果你还是怀有这种思想，就证明你与成功者根本不是同一轨道的人，如果你要改变，你就要尽快地做出决定，主动接近他们，与他们沟通交流，虚心向他们请教学习，甚至是与他们一起工作，从而通过他们交到更多优秀的朋友。你会发现成功是非常简单的一件事。那些大师都是这么做的，我已经说过好几次了，他们能，你也能。

这里插一句题外话：假如你有两个好朋友是千万富翁，你可能穷困潦倒吗?绝不可能，他们指挥你太轻松了，仿佛他们自己在二次创业。你只需要听话、照做就可以了。但是听话、照做却是一门艺术，值得许多人学习。

大多数人过着重复单调的生活，他们缺乏成功的朋友，缺乏有钱的朋友，他们对自己根本没有自信心。

孩子，到现在这一刻为止，我已经和你对话 16 天了，如果你还是无法相信你能成功，那我也无能为力了，我也没有任何方法教你成功了。假如你此刻相信你自己一定会成功，那么我就要恭喜你，你已经迈进了大师的圈子，接下来你的人生将会发生不可思议的转变，你也一定会实现任何你想要实现的梦想。

苏乞儿：上师，我相信自己能，我非常相信自己能成功。谢谢，亲爱的，谢谢你来指导我。

智者：很好，我再给你补充说明一点，我们进入下一个课题。

苏乞儿：好的。

生活中每一个人都想赚钱，可是赚到钱的人太少，赚大钱的人更是少之又少，这到底是为什么？

智者：那是因为多数人根本不知道金钱是怎么来的，多数人总是想从别人身上获取利益，他们总是得小便宜吃大亏，当他越想从别人身上获取利益，他越是得不到，因为哪有人愿意被别人

"偷走"利益啊。

苏乞儿：那亲爱的上师，你能告诉我，钱到底是怎么来的吗？你就别卖关子了，赶紧告诉我吧。

智者：当然是你提供等同的价值物换取来的。很简单的道理，别人之所以会付钱给你是因为你创造了更多的价值给对方，他才愿意为价值买单。问题就在这里，如果你想得到就一定要先学会付出，只有你先付出价值物给别人，你才能得到你想要的东西，所以说，金钱是价值的交换。

你对别人付出得越多，你得到的就会越多。价值与收入永远都是成正比的。你再看看那些大师为什么收入高，因为他们的胸怀总是宽广，他对他的员工从不剥削，而是尽量多地提供价值给别人，这就是他们的精明之处。

同样的道理，如果你想要某些东西，你一定要学会先付出，你只有先付出，你就一定会得到你想要的，这也就是你们凡人所说的"舍得舍得，先舍后得"。孩子，你明白了吗？

苏乞儿：嗯，亲爱的上师，我都记下了，谢谢你告诉我这么多，谢谢你！

对话第17天 成功者首先是“行动派”

苏乞儿：上师，我突然想问你一个问题？

智者：问吧，孩子，想问什么就问什么，我都回答你。

苏乞儿：成功有没有捷径可走？

智者：当然有，你认为那些大师成功是偶然的吗？还是以为命运之神格外眷顾他们，如果你这么想就大错特错了。他们肯定是知道了别人不知道的“秘诀”，然后才能快速成功。

苏乞儿：那他们究竟知道了什么呢？

智者：一般人要成功，最快的方法有三个。

苏乞儿：哪三个？

智者：第一，帮成功者工作。

找到你所从事的行业的顶尖人物，协助他工作，潜心观察其一言一行甚至他们的思想，你才会真正学到成功者成功的秘诀，这肯定要比你在一般工作中要收获良多。

第二，与成功者合作。

假如你有了一些经验与实力了，但还没办法独立创业，不如与别人合作。与普通人合作和与成功者合作的结果肯定差之千里。

与优秀的人合作先不要考虑眼前的利益，你要考虑的是模仿和复制他的成功经验，了解他的顶尖人脉以及他的工作习惯和影响力，这些都是长远的效益。

第三，让成功者为你工作。

当你有能力让成功者为你工作时，虽然表面上你支付给他的报酬比支付给普通人的要多，貌似你吃亏了，实际上是你赚了，因为有成功者为你工作，你奔向成功的速度会更快。

以上三点，那些大师都是这么做的。

苏乞儿：那亲爱的上师，假如我掌握了知识、技巧、能力，良好的态度与成功的方法，我是不是就可以成功了？

智者： 孩子，你说的这些虽然对于成功都很关键，但你掌握了这些的时候你可能还不会成功。

为什么呢？

［沉思中］

苏乞儿： 我承认我没有好的家庭背景、好的人脉，但拥有了这些怎么还会不成功呢？

智者： 你还差一项最关键的，行动才是你致胜的关键因素。我已经说过了，没有行动的梦想都是妄想。

苏乞儿： 好，我知道了，行动是致胜的关键。

智者： 不，不，假如你辗转反侧终于下定决心行动了，你还不一定会获得成功。

苏乞儿： 为什么啊？

智者： 因为行动速度太慢了。行动慢等于没有行动。你只有马上行动，快速行动，立刻行动，才会比你的竞争对手多一点成功的机会。不论在任何时候，或者任何地方，任何人都可以轻而易举地获取自己想要的知识与信息，成败的关键在于你是否用心去做。

你们年轻人，任何人都可以轻而易举地知道大师的成功经验，就像我们现在的对话，或者在未来，你把这次对话写成书分享出去，看到这本书的他们都会成为你的竞争对手，又或者，你们也可以成为最好的朋友。

说这些话是想告诉你，你必须掌握时间，抓住机会，马上行动！能帮助你快速达成目标的关键就是行动与速度，也只有这两点才能帮助你快速成功、快速致富。

那些人之所以没有成功，很大的原因就在于习惯拖延，他们最大的缺点就是犹豫不决，他们总是在考虑、分析、判断，他们总是怕前怕后，他们看起来非常聪明，实际上蠢极了。他们好不容易下定决心，第二天又改变主意了，他们经常拖延，不行动，还总是安慰自己明天再说，以后再说，下次再说，他们总是把希望寄托于不靠谱的明天，今天推明天，明天推后天……等他们想好了，机会早就没有了。

孩子，如果你也有和他们一样的习惯，请你马上改正。如果不改正，成功只会离你越来越远。

苏乞儿：嗯，我知道了。我一定会改正，绝不拖延，马上行动！

智者：其实，大多数人不成功很大程度在于他们都太喜欢拖延了，许多事他们不是做不好，而是不去做。不行动，怎么会成功呢？

其实，每一位大师都是梦想实现家，他们都是行动家而非空想家。马上行动是一种习惯，也是一种做事态度，是所有大师都须具备的品质。

孩子，我也告诉你一个定律。无论什么事，只要你开始拖延，你就会经常拖延，相反，如果你开始行动，你就能坚持到底。我明确地告诉你，只要你开始行动，你的梦想已经实现了一半。

苏乞儿：亲爱的上师，我该怎么锻炼自己杜绝拖延，第一时间投入行动呢？

智者：好，很好。孩子，你在思考，说明你在进步。只要你肯改变肯学习肯思考，你的人生一定是成功的。现在我教给你一个方法：你不妨从每天早晨睁开眼睛的那一刻开始，就马上行动起来，一直行动下去。对于这一天等待完成的每一件事，你都要催促自己马上去做。按照我说的去做，你的一整天都会过得非常充实，这样坚持 21 天，你就形成习惯了。

所以，说到这里，你有什么梦想，请你不要想了，想再多都没有用，放手去做吧！任何事情想到的那一刻你就开始行动！

现在给你五分钟，把你的梦想大胆地写出来吧，把它贴在你的书桌、客厅、卧室的每一个角落里。只要你一看见它就马上行动。现在就去做吧，孩子。

苏乞儿：好的。

[书写中]

智者：孩子，接下来我告诉你另外一个定律，那就是“付出定律”。这个定律一直是存在的，只要你有付出，就一定会有收获。如果你想得到更多，就要付出更多。

许多人都不了解这条定律，他们总是想得到很多东西，可他们总是得不到，那是因为他们从来不想付出就想得到，这是大多数人的通病。

孩子，假如你一直在不断地付出，不计回报地付出，慢慢地你会发现，很多收获不知不觉就降临了。你一定要相信付出与收获永远是成正比的，付出越多，收获越多。

苏乞儿：可是，亲爱的上师，有时候我发现有些付出和收获根本不成对比，明明付出很多但收获很少。

智者：那是因为在没收获之前，你就停止了付出，正因为还没有收获你就更不能停止付出，只要你不停止付出，总有一天你会发现付出得少，但收获很多。时间会是最好的证明，时间会证明你曾经的付出是不会白费的。

现在没有得到是因为时间累积还没有到一定程度，并不是付出没有收获，在付出与收获之间是存在一个时间差的，也许时间差为一年，也许时间差为十年、二十年，但它最终都是符合这条付出定律的，但是99%的人在没有收获之前就停止付出了，那样做的话，他们之前的努力全部都会白费。

一个半途而废的人是不可能成功的。

孩子，只要你持续不断地付出，你会发现，你的生活也会越来越富有，越来越成功。你甚至会发现你收获的比你付出过的还要多得多。

记住，有些事不是看到希望才去坚持，而是坚持了才能看到希望；不是收获了才去付出，而是付出了才会获得。不幸的是，大多数人都把顺序弄混了，所以他们的人生多数是失败的。孩子，你记住了吗？

苏乞儿：嗯，亲爱的上师，我全部都记下了。

智者：好，我们接着说。

这个世界上有两种人，第一种人自律性特别弱，不论做什么事都是要别人督促，要不然他才不会去做呢。第二种人自律性特别强，他才不用别人去管，他最清楚自己应该做什么了。

孩子，现在我问你，你说世界上哪种人比较多？

苏乞儿：当然是第一种人。

智者：那哪种人成功了？

苏乞儿：当然是第二种人。

智者：哎，你们每一个人都知道这么小儿科的简单道理，但还是有很多人选择做第一种人，有时候我也搞不懂他们到底是怎么想的。

现在，你既然想改变，你也明白这个简单的道理，那你从此刻开始，你要规定自己，一定要做到自我管理。

苏乞儿：上师，我也明白这些道理，但每次都是说起来容易做起来难，比如赖床这件事吧，我就是很难克服，我该怎么办？

智者：每一个人早上都不愿意早起床，但还是有人能做到早起了。所以，他们成了大师，而你没有。你之所以没有做到，是因为你给自己找了借口，如果你把它放在跟吃饭一样的高度，你试试能做到吗？这一切只不过是你的借口罢了。

那些大师每一个人都是自我管理的专家，他们对自己要求非常严格。孩子，过自律性的人生，严格地对自己加强操练吧，这是作为成功者的特质。你只有把每一件小事都做到极致，你才会有成功的机会。

苏乞儿：嗯，亲爱的上师，明白了，再次谢谢你。

对话第18天 一天一小步，总有一大步

苏乞儿：亲爱的上师，今天我想问你成功最主要的那个秘诀，你能告诉我吗?

智者：问得好，我可以告诉你，那就是每天进步一点点。

苏乞儿：每天进步一点点?

智者：对，你没有听错，每天进步一点点，你应该遵循这个法则，让自己每天都有进步。只要你能做到这一点，你就一定会成功。

人生中的每件事都遵照这个方法去做，持续不断地每天进步一点点，每天比昨天进步一点点就好，坚持下去，你一定会有一个精彩的人生。

苏乞儿：一点点就能成功吗？

智者：对，一点点就能造出人与人之间的大差距。你根本不用大幅度地进步，只要坚持每天进步一点点就足够了。你不要小看这一点点，这每天小小的改变，会让你与你的同龄人拉开差距。千万不要小看这一点点，很多人一生当中，连这一点点都不一定能做得到。

你应该每天问问自己，今天的自己比昨天的自己进步了吗？人与人的差别就在这一点点之间，如果你每天都比别人进步一点点，几年过去，你就比别人高出一大截。这就是每个大师都知道的那个最重要的成功秘诀。

成功绝对不是一步登天，而是积少成多，一步一个脚印走出来的，是经过长年累月的行动与付出累积起来的。

虽然，多数人也会有行动，但成功者却是每天都做一点点，比别人多付出一点点，所以他比别人更早成功。

你看一看那些大师都是不是懂得比别人多付出一点点？他们总是愿意在别人还没有起床的时候起床，别人睡觉的时候行动，别人工作五天他工作七天，是不是每时每刻都比别人多付出一点点？他们总是超越自己之后再超越别人。

你再看一看普通人是怎么做的？他们总是不肯多做一点点，他们那么聪明才不会付出呢。他们脑中思考的是可不可以多睡一点点，多玩一点点，早下班一点点，钱多赚一点点，少付出一点点……看出来了吗？这样的人怎么可能成功呢？

孩子，我告诉你，失败者的习惯是每天多睡一点点，少付出一点点。大师的习惯是每天少睡一点点，多付出一点点。成功者和失败者之间的差距就在于这一点点。你明白了吗？

苏乞儿：嗯，我明白了。我也要少休息一点点，多付出一点点。

智者：现在我告诉你，想象力比知识更重要。你要发挥你的想象力，你会获得重复思考的结果。这就是说，你现在怎么想你自己，怎么看你自己，你认为你是谁，这些都会成为事实，你会成为你想象中的那一个人。

孩子，这个世界上所有的事物在开始的时候，都只不过是人们的一个念想而已。你眼中看到的东西在刚开始的时候都不过是一幅画面而已。你所学到的知识或许可以为你的梦想增砖添瓦，但你的想象力却能为你的梦想保驾护航。

拥有知识虽然好，但却容易将你的思想禁锢住，从而抹杀你的想象力，让你缺乏创新的能力。要知道，要想成功必须要有创新的能力。

你不妨大胆一些，想象一下，十年后的你住什么样的房子，开什么样的车子，和什么样的人交朋友。现在就大胆创造一个你从来不敢想过的未来景象，或许这个景象会让你的梦想跌进现实中来，这也说不准。

苏乞儿：亲爱的上师，在我通往成功的道路上难免会遇到很多挫折，那些大师为什么能坚持到底而没有放弃呢？

智者：他们之所以成功是因为他们每个人心中都有一份使命感。

苏乞儿：使命感？

智者：对，成功源于伟大的使命。这也是一个成功的秘诀。

假如你只是为了自己的利益而工作时，你的行动力就不会很强烈，当你遇到挫折时，你就会想要放弃。假如你为了长远利益而工作时，你就会全力以赴，当遇到挫折时，你会认为这点挫折跟自己远大的使命相比，太微不足道了，你才不会放弃，你会为了这种强烈的人生使命感而坚持到底。

每一个人在成功之前必然会经历许多的磨难跟挫折，只有克服困难，勇往直前，坚持到底，全力以赴同挫折抗争才有可能成功。而那些大师之所以勇敢克服困难，坚持到底，直到成功，是因为他们的内心深处都有强烈的使命感。

所以说，成功来源于伟大的使命。当你工作时，不只是为了自己为了生活，而是为了一个更崇高更远大更神圣的使命时，你百分之百地会成功。

孩子，现在这一刻你思考一下你的人生使命是什么？当你找到了你的人生使命，成功就离你不远了。

苏乞儿：好的。我一定要找到我的人生使命，然后为了完成我的使命而奋斗。

智者：很好，只要你按我说的去做，你绝对会成功。现在，我要告诉你另外一个事实：人有无限的潜能。谁都无法预料你在发挥潜能之后会做出什么不可思议的事情，我只是想要告诉你，你绝对不止现在的成就。

多数人的天分被埋在了坟墓中，他们这一生都没有找到自己的特长。孩子，你的心中也拥有无限的宝藏等你去开采，你一定不要把它埋没了。

苏乞儿：那我应该怎么开发自己的潜能呢？

智者：你只需列出你要完成的梦想，你想拥有多少财富，你想成就什么样的事业，放手去拼搏就可以了。不必自我怀疑，自我设限，更不必在意他人的眼光，想好了去做就可以了。

孩子，其实我一直在你身边与你同行，我保佑你，帮助你，你可以对我说出你所有的愿望，只要你相信它会实现，它就一定可以实现。你想要做什么，对我发出要求，然后相信自己会得到，然后等着接收就可以了，我一定满足你提出的所有要求。

你没有听错，是所有的。实际上，我对你们每一个人都是一样的，大多数人不知道这个事实，现在我告诉你了，你一定要把它写出来分享给大家。一个成功的人也是一个懂得分享、懂得感恩、懂得回报的人。现在，我需要你做这样的人。

苏乞儿：嗯，亲爱的上师，我答应你的就一定会做到，我一定把它写出来影响更多的人。让更多的人走向成功，这就是我的人生使命之一。现在，我找到了。

对话第19天　好心态是成功的发动机

智者： 孩子，你要学会为成功找方法而不是为失败找借口。你可以观察一下那些大师，你会发现，他们每一个人都是经历多次的失败之后才走向成功的。

人生不可能一帆风顺，每个人也不可能不经历磨难就获得成功，那是有违规律的。所以，你一定要为成功找方法，而不是为失败找借口。其实，成功与失败就在你的一念之间。

苏乞儿： 嗯，我知道了。

智者： 好，那我们进入下一个课题。现在我要告诉你，心态决定命运。人与人之间只有很小的差异，但这种很小的差异却往往造成人生结果的巨大差异。

苏乞儿：那你所说的很小的差异是指什么呢？巨大的差异又是指什么呢？

智者：很小的差异就是人生的态度是积极还是消极的。巨大的差异就是人生的结果是成功还是失败的。

心态只有两种，积极的和消极的。积极的心态对人来说就是健康和营养。这样的心态，能吸引一切美好事物到你的生命中，它能帮你吸引成功、财富、快乐和健康。

消极的心态对人来说就是疾病和垃圾。这样的心态，不仅会排斥财富、成功、快乐和健康，它还会夺走生活中已经拥有的美好事物。

道理很简单，你有什么样的心态，就有什么样的思想和行为，就有什么样的环境和世界，就有什么样的未来和人生。

苏乞儿：那心态是如何影响人的呢？

智者：其实，任何事物都有积极的一面和消极的一面。一切皆取决于你：如果你是积极的，你看到的就是乐观、积极、向上的一面，你的学习、工作、人生所有的一切都是成功向上的；反之，如果你是消极的，你所看到的世界就是悲观、失望、阴暗的一面，你的人生当然不会成功。所有大师的心态一定是前者，一定是乐观积极向上的心态，这不会有错。

苏乞儿：那消极的心态为什么不能使人成功呢?

智者：因为消极的心态容易让你泯灭希望，限制发挥你的潜能，有消极心态的人总是悲观失望，他们随波逐流，不能充分享受人生，又怎么会成功呢?

孩子，这个世界上根本没有不成功的人，只有不好的心态。大多数人都想改造这个世界，只有少部分人愿意改变自己，这一部分人就是那些大师。只要你改变了自己的心态，你就能改变自己的人生。那些大师之所以有能力改变是因为他们始终相信自己有能力去改变。他们看到的永远是事物乐观的、正面的、阳光的一面。

苏乞儿：亲爱的上师，那我应该怎样培养积极的心态呢?

智者：其实在同一时间内，每个人的意念只能有一个，也就是说，人的意识一次只能做一个决定。坐就是坐，站就是站，你不可能既坐又站。你的习惯不好，不积极的心态不能被改掉，只能注定被替换!

人的心态和情绪要么消极悲观，要么积极向上，二者势不两立。而你们每一个人永远有选择的权力，前面我已经说过了，我赐予你们每个人自由的意志。

假如你想从此刻开始用好的心态替代不好的心态，你可以在发觉自己出现消极情绪时，立刻警觉起来，马上想到“替代”这个词，对消极情绪进行抑制和否定，要强行用积极的心态占领整个心思，并让它变得强烈起来。

自卑就是自己制造的悲哀，自信就是自己制造的信念。我要告诉你，自信是成功的第一秘诀，还要明确地告诉你，拥有自信就拥有无限机会。

苏乞儿：我知道了。

那亲爱的上师，如何增强自信心呢？你能告诉我方法吗？

智者：当然能，你可以尝试关注自己的优点，或者与自信的人多接触。自己要树立自信的外部形象，要学会微笑，微笑会让你增加幸福感，进而增强自信心。

苏乞儿：好的，上师。我一定按照你说的去做。

智者：现在我告诉你成功的定义：成功等于目标。你要记下来，你是你生命的设计师，你主宰自己的命运。如果你没有目标，那就是别人主宰了你，别人控制了你。

苏乞儿：目标对于成功有那么重要？

智者：世界上根本没有懒惰的人，只有没有目标的人。没有目标就不会有动力。如果说积极的心态能为成功打下坚实的基础，但心态也只是成功的第一步，目标才是构建成功的砖石，要想成功必须制定明确的目标。

世界上只有 3% 的人曾制定过人生目标，这就是为什么那些大师只是极少数的根本原因。

苏乞儿：目标具体是指什么呢？

智者：目标就是你的目的和方向，就是你到底想要什么，也就是你的梦想，你的愿景。

苏乞儿：嗯，我明白了。

对了，亲爱的上师，达成目标的关键是什么呢？

智者：好，现在我告诉你达成目标的关键：

第一，千万不要让别人偷走你的梦想。你可以把你的梦想写出来，每天早上读给自己听，因为没有人会提醒你你的梦想是什么。如果你把你的梦想告诉你的朋友们，他们不是打击你就是为了保护你，他们会告诉你不要胡思乱想了，你不可能实现这个梦想的。如果你不敢把你的梦想写出来，那别人就偷走你的梦想了，你也就不可能实现梦想，从而不会成功。

第二，拜最好的老师，当最勤奋用功的学生。你可以看一看那些大师是不是获得成功了还在继续虚心学习，他们每个人都有自己的人生教练，这就是他们持续成功的秘诀。

第三，不计一切代价地付出与感恩。每一个大师都懂得一条自然法则那就是感恩法则，他们懂得感恩，所以他们源源不断地获得能量。

孩子，如果你记住这三个关键，你的目标就一定会实现。

苏乞儿：嗯，每一字每一句我都记在心底了，我会把它们全部整理出来，一一实施。

智者：很好，如果你彻底地执行了达成目标的这三个关键，那么下一个大师就是你。孩子，你要记住，每天早晨起床你都面临两个选择，这两个选择决定你的人生命运。你不是选择平凡地度过今天，就是选择把握好今天，实现自己的人生价值。每一天成为最好的自己，而不是某一天成为最棒的自己，那些大师都明白这个道理。

苏乞儿：嗯，说得太棒了。亲爱的上师，我在书上看到一句话：如果你想得到你从来没有拥有过的东西，你就要付出你从来没有付出过的东西。真的是这样吗？

智者：是的，非常正确，那肯定是某些大师总结出来的道理。每一个大师都验证过这一点，你可以查阅历史，研究一下那些大师的特点，你会发现他们身上有成功的共性。时代会变，可人性不会变，只有你学到了这点，并运用到自己的身上，你才会拥有同样的人生结果。

苏乞儿：好，我一定按照你说的去做。

智者：很好，每个大师都是听话照做的人，他们只要认准了一件事，不管经历什么艰难险阻，绝不会改变自己的梦想。

孩子，现在很认真地问一问自己：我想成功吗？有多想？

这个世界上一定有一些长得比你丑，比你矮，比你笨，学历比你低，能力比你弱，各种条件状况都比你糟比你差的人，但是最终的结果往往是：这些人成为人们眼中的大师，这些人却能完成人们遥不可及的梦想。

苏乞儿：是啊，这个世界上有太多太多的奇迹了，亲爱的上师，我也要向他们学习，你能告诉我，这样的人为什么那么成功吗？

智者：可以，他们成功的奥秘有很重要的三点：

第一，他们极度地渴望。每个大师都有强烈的企图心，也就是你们凡人所说的野心。第二，他们从不找任何借口。他们明确了自己的人生方向就一直向前奔向前冲，从不为失败找任何理由，他们只会为成功找方法。第三，他们去掉思想的限制。那些大师从不受外界因素的干扰，他们脑海中没有“不可能”三个字，他们的人生字典里没有“放弃”两个字。

他们从不自我设限，自我怀疑，他们总是相信自己超越极限的潜力，所以他们成功了。你一定要去掉你大脑中所有的限制，不让那些限制阻碍你的成功。否则，你不可能成功，因为你总是说，我没有学历，我没有人脉，我没有金钱，我没有背景，我没有信心，我没有一技之长……这样的你怎么可能会成功呢？

苏乞儿：那到底是什么因素阻碍我成功，创造奇迹，追求梦想呢?

智者：我可以把所有因素给你概括成六个字，前面三个字叫“不知道”，后面三个字叫“不相信”。如果你告诉自己，我渴望得到一切美好的事物，我渴望拥有可人可心的伴侣，拥有财富，拥有自己的事业，但我不知道怎么去追求梦想实现目标，我不知道该怎么做?又或者，你告诉自己，我渴望人世间一切美好的事物，但是打心底里你不相信自己会拥有，你根本不相信这件事情会发生在你的生命中。

如果你是不知道，你的人生还有救，因为你只要下定决心去改变，只要愿意去学习的话，你所有不知道的事情都能学得会，你能学会任何你想学到的东西。但如果你告诉自己不相信，那么我现在就告诉你，你无可救药了，谁都帮不了你，我也不能，你这辈子只能当普通人了。

苏乞儿：我明白了。我相信，我相信我会拥有一切美好的事物，我也值得拥有这美好的一切。所有我不知道的东西，我都愿意去学习，用学习改变人生命运。谢谢你告诉我这些，我下定决心了，下定决心不惜付出一切代价改变自己的命运了。

对话第20天 你想要的已经在远方等你了

苏乞儿：亲爱的上师，那些大师成功的关键到底是什么？

智者：现在我告诉你成功的“八大关键”，如果你从现在开始运用我告诉你的这些，你也会成为大师。

第一，人类因梦想而伟大。你必须要让自己拥有做梦的能力，你想成为企业家，你想成为畅销书作家，你想成为行业中的冠军，你想成为亿万富翁，你想环游世界，你想成功……这是第一步，你必须要有自己的梦想。

第二，让你自己成为完成梦想的这个人。你要问自己，要成功你必须成为什么样的人呢？你必须要成为一个不找借口的人，你必须要成为有行动力的人，你必须要为了你的梦想持续不断地学习，持续不断地改变自己，你必须要成为一个勇敢面对自己缺点的人，你要成为一个勇于超越自己极限的人，你还要成为一个懂得感恩跟报恩的人。

第三，我已经说过，绝对不要让别人偷走你的梦想，你可以把它写出来念给自己听，你要养成习惯把你的梦想记在心底，把你这一生中三年、五年、十年、二十年的目标都写下来。孩子，你要敢做梦，唯有不可思议的目标才能创造出不可思议的结果。如果你听我的话，把你的梦想写出来，每天念给自己听，那么，没有人可以偷走你的梦想，没有人能阻碍你成功。你只要天天看护好你的梦想，根本没有任何事情可以让你放弃。

第四，你要彻底发挥你的天分，那些大师都是成功发挥他们天分的人。你一定要了解你的天分是什么。你们每一个人都有属于自己的天分，如果现在你还不知道，你一定要想办法把它找出来，想办法把它发挥到淋漓尽致。孩子，你想成功，你一定要做自己最擅长的事情来完成你的梦想。

第五，如果你想要成功，你不能只是想，你还要学会运用自己的潜能。你们凡人一生发挥不到2%的潜能，如果你学会运用自己的潜能，那些看似遥不可及的目标都能实现。你不仅要运用自己的潜能，想要成功，你还必须尽量跟那些能够创造奇迹的人在一起，因为你能从那些大师身上学到如何最大程度地调动、激发自己的潜能。

第六，你要建立自己的梦幻团队。想要成功你不可能一个人完成所有的事，那些大师都懂得如何使用人才，他们懂得借助别人的力量成功。如果你的梦想够大，你就要找到最好的人去跟他合作，合作成功且愉快。

第七，要想成功，你必须要学会如何报恩。感恩很重要，但报恩更重要。因为你要成功，你需要很多人来帮助你啊。如果你不懂如何表达感恩，别人就只会帮你一点点。如果你想要成功，别人帮你一点点怎么可能成功？你要让你的贵人用尽一切心力来帮助你啊，如果是这样，你就能成功。

苏乞儿：那亲爱的上师，如何让贵人用尽一切心力来帮助我呢？

智者：想要别人帮助你，最快的方法就是先去帮助别人。如果你学会了感恩，并且懂得报恩，那么你的生命就会变得不可思议。

第八，你比你想象的还伟大。孩子，现在我要告诉你一个事实，只要你活着，一切皆有可能。现在问问你自己，如果你未来能够创造一个最大的奇迹，它会是什么？如果你的人生是一部电视剧，你给自己安排设计的剧情是什么，是喜剧还是悲剧？

孩子，你完全可以选择改变你自己的命运，你完全可以改变你家族的命运，你公司的命运，你行业的命运，你完全可以做到，请你相信我。如果你能彻底思考这些问题，那么下一个大师百分之一万的会是你。

苏乞儿：谢谢亲爱的上师，我一定用心思考用心做，我把你说的这些都记下来了。

智者：孩子，勇敢唤醒你心中的巨人吧，你的心中有一个巨人，它能帮你抗住艰苦的压力，你一定要唤醒它。实际上，每一个人的心中都隐藏着一个巨人，只是大多数人不知道而已。

每一个人不是处在消极负面的情绪上就是处在积极正面的能量上。如果你想要成功，你必须要让自己保持在巅峰状态，你有能力构建大脑中的画面，所有你在脑中看到的美好画面都能发生在你的生命中。你要知道你并不渺小，我会满足你提出来的所有要求，我会按照你所描画想象的画面来帮你将其实现。

孩子，你就是你生命中的米开朗琪罗，你是全世界最顶尖的艺术家，你所雕刻的艺术品就是你的人生。你拥有无比丰富的想象力，你可以通过想象力在你的大脑中创造你想要的一切美好事物，你也可以创造良好的人际关系和家庭关系，所以，你必须知道你真心想要的是什么。

你必须知道你真正渴望的是什么，你渴望拥有什么样的关系，你渴望拥有什么样的健康，你渴望拥有什么样的成就，你渴望拥有什么样的财富。超级的富有，超凡的魅力，超级的健康，是你与生俱来的权利。你只是不知道这些罢了，现在我都告诉你了，你要相信它是真实的。其实，你们每一个人都是这样的，只是你们大家都不知道而已。你要把它分享给大家，这是你的任务，也是你的人生使命。

孩子，你要相信你所渴望的未来已经准备好在那里迎接你了，你只需要百分百地相信它，你就会得到所有想要的东西。孩子，你的生命是非凡的，你的思想是非凡的，你即将创造以及等待你的一切都将是非凡的。

苏乞儿：亲爱的上师，我感动了，这是真的吗？我的人生真的会像你说的那样吗？

智者：我从不说谎。

苏乞儿：我相信！我相信！我相信！亲爱的上师，二十年都过去了，过去的二十多年我没有目标，一天天浑浑噩噩，我受够了那样失败的生活，我要改变，我一定要改变，我受够了。

智者： 孩子，二十年你都过去了，你的人生能有几个为自己打拼的“二十年”，我可以明确地告诉你，每个人都只有一个为自己打拼的“二十年”。财务自由、经济独立对大多数人来说是一个遥不可及的梦想，他们的潜能也从来没有被激发过，他们心中的巨人也从来没有被唤醒过，他们从来不认为成功是一件非常容易达到的事，只需要每天进步一点点，大多数人连这一点点都不愿意付出。

大多数人为什么不成功？原因是他们和一群不成功的人一起工作生活，他们早已习惯过那样不成功的生活。

他们大多数将时间浪费在谈恋爱上，他们从来没有思考过那些大师会开什么样的车，那些大师会住什么样的房子，那些大师会建立什么样的人际圈，那些大师会拜什么样的老师，那些大师会怎么打败自己，超越自己，说服自己，那些大师会怎么面对自己的压力，那些大师会怎样积极正面地思考自己的人生。

他们并不了解那些大师会多么热爱学习，大多数人每天做的事就是重复自我、怀疑自我，设限，发呆，沮丧，无止境地烦恼忧虑，莫名其妙地进入人生低潮。

苏乞儿：那为什么会这样呢？

智者：因为多数人没有明确的目标，没有成功的环境，没有成功的朋友，也没有成功的人生教练。他们根本不知道自己的天分在哪里。超级的富有，超级的成功，多数人连想都不敢想，不敢奢望，他们总是认为遥不可及，不可思议。

苏乞儿：你说得太对了，过去的我也像你说的这样，可我现在决定要改变。亲爱的上师，我该怎么改变这样的想法呢？

智者：好，既然你想都不敢想，我带你改变一下。现在，在心里问问你最想实现的梦想是什么？现在大胆想象一下，假如你的人生现在完全改变了，你非常的健康，你非常的富有，你非常的成功。你大胆想象一下，你会从现在这个房子搬到什么样的房子去，你现在的交通工具会变成什么样的交通工具，你会怎样帮助你的家人朋友，你会为这个世界贡献什么。

大胆想象吧！任何事情都是先从想象开始的。孩子，你大胆想象，你大脑中的画面都会发生在你的生命中。

那些大师都是这么做的。每一个人都有属于自己的天分，你也一定有你自己的天分，你所要做的就是把它找出来，并把它发挥得淋漓尽致。

再接着想象一下，你的人生到底会成功到什么程度？为了这个成功的人生，你必须要成为一个什么样的人呢？你必须要几点起床，你必须要如何打败自己？你的人生使命是什么？如果你现在比过去大胆十倍，你现在打算去做什么？

孩子，我告诉你那些大师之所以成功是因为他们懂得问自己，当他成为大师的时候会如何安排他的每一天。现在，你可以换过来问你自己，如果你现在已经成功了，你要如何安排你的每一天，你要如何安排你的每一小时，你要如何安排你的每分每秒。

那些大师都会在他们身无分文的时候，问自己这些问题，正是这些问题使他们从平凡人变成大师。这也是他们成功的秘诀之一。

苏乞儿：我记住了，亲爱的上师，如何让自己一直信心满满，充满能量与智慧呢？

智者：其实，在前面我已经告诉你答案了，那就是先相信后看见。大多数人只是看见了才相信，很多人看见了还要自我怀疑。而那些大师呢，他们都是先相信后看见的人。刚开始他们一无所有，但他们相信自己总有一天会成功，结果他们真的成功了。

苏乞儿：我明白了，上师，我也要学会先相信后看见。

智者：对，因为有些事不是你看到了希望才去坚持，而是坚持了才能看到希望。那些大师都明白这些。

明白了吗？

苏乞儿：明白了，谢谢你。

对话第21天 | 你是宇宙中的“万磁王”

智者：孩子，今天我要告诉你另一个事实。

苏乞儿：那是什么呢？

智者：你是宇宙中的磁铁，你生命中的一切都是你自己吸引过来的。所有美好的事物或者不好的事物都是你吸引来的。

苏乞儿：亲爱的上师，这怎么可能呢？你的意思是说我也吸引来了失败，穷困潦倒的生活吗？

智者：对，没错，那就是你自己吸引来的。你是问题的根源，你过去的情绪是消极悲观的，所以你吸引的东西就是负面的。孩子，你会成为你经常想的那个人，如果你把自己想象成失败的，你就是失败的；如果你把自己想象成成功的，你就是成功的。这一点都不会错。

苏乞儿：啊？亲爱的上师，那我怎么办呢？

智者：孩子，从你遇到我开始，你的人生已经开始不一样了。我现在告诉你成功的所有秘诀，只要你听话，只要你用心，按我说的去运用它，你就能拥有美好的人生。

苏乞儿：你的意思是说，只要我在心里想着美好的事物，我就会拥有美好的事物吗？

智者：光想肯定是不行的，你要让它成为你脑中的主要思想，然后按我说的做，你一定会拥有它。

苏乞儿：我明白了，你说的主要思想是指心态，对吗？

智者：非常好！孩子，你进步非常快，我很欣慰。你知道吗，你的思想是有频率的，当你不断地思考时，你的那些思想就会反馈给我，我会让它们同类相吸引，把你渴望的美好事物全部按你的要求给你。至于我是怎么做到的，你不用管，那是我的工作。总之，你所有的思想都会变成实物回向你，不论好的还是坏的，都是这样，一直都是这样的。

苏乞儿：我知道了，按您的意思往下想，如果我想改变我的命运，就要改变我的思想，思想就是心态，那只需改变我的心态就可以了，对吗？

智者：对，非常聪明，领悟得非常快。想象你拥有财富，你就会吸引财富，这一秘诀对每一个人都适用。那些大师都是这么做的。

苏乞儿：那我现在的思想已经在创造我的未来了，是这样吗？

智者：对，已经在创造了，你的现在就是你过去所有思想的结果。那同样的道理，你的未来就是你现在思想的结果，这是必然的。

苏乞儿：我还是没有信心改变，亲爱的上师，我的过去太糟糕了，直到把我逼到无路可走，才遇见了你。我现在一无所有，对于未来我真的没有信心。

智者：很对，你已经在进步了，你能勇敢地把你的问题告诉我，这一点太棒了。因为你的诚实，我将尽心尽力地帮助、指点你。

孩子，你的命运一直掌握在你自己的手中。不论过去你的生命中发生过多么糟糕的事情，不论过去的你多么失败，那都已经是过去式了，你必须学会让它翻篇，把过去的那一页翻过去。

从现在这一刻开始你要刻意改变你的思想，有意识地让你的思想变得正面积极，你的人生命运就会改变。我要告诉你，这个世界上根本没有所谓的绝路，你生命中所有不好的事情，你都有能力去改变它！

苏乞儿：我为什么有能力改变一切呢？

智者：思想决定你的人生，能选择你思想的那个人，只有你自己。

苏乞儿：我明白了。亲爱的上师，现在我想知道成功最主要的力量是什么？

智者：这世间，没有比爱更强大的力量了。如果你的每个思想都关于爱，如果你能爱所有的人、事、物，你的人生将成功到不可思议。那些大师通常都是梦想家，他们爱做梦，并且他们能够梦想成真。那是因为他们相信爱，相信爱无所不能。

如果你的主要思想关于爱，你将是受益最大的那个人。你爱爱你的人，你爱不爱你的人，你爱伤害你的人，你爱所有人。试想，你都能爱伤害你的人了，你都能原谅他们，这是多么宽广的胸怀啊！试问还有什么事情能让你难过呢？

孩子，这是个精彩的世界，我能给你所有美好的事物。我暗中协助你成就每一件事，你所做的一切事情，我都支持你。我一直与你同行，我一直在你的体内跟随你，只是你不知道而已。我说过，我爱你们每一个人，我对你们每个人都是一视同仁的。

你的生命本来就可以变得不平凡，大多数人不知道也不相信这个事实，所以他们不成功。一旦你开始实践我告诉你的这些秘诀，你的生命也将会是非凡的。

孩子，你的人生一定是璀璨的，它已经在未来准备好迎接你了，它一直在前方等待你。现在你知道了，一切都不晚，一切都还来得及。在没遇到我之前，你可能认为你的人生已经走到尽头了，可是你还那么年轻，是不是？

苏乞儿：是啊，我看不到任何希望，我很迷茫，我很无助，幸好遇见了你，我太幸运了。

智者：你之前的生活让你体验到无穷的痛苦，那是你错误的思想导致的。现在你可以深吸一口气，慢慢地吐出来，放松一下吧！孩子，因为你的人生已经完全改变了。

你的生活将是美好的，你的未来将是美好的，你的生命也将是非凡的。所有美好的事物都将出现在你的生命中，你要做的只有一件事，就是张开双手准备拥抱它吧。

你走到人生的十字路口，你不知道下一刻该往哪走，你痛苦，迷茫，无助。现在，你终于知道这个真相了，你值得拥有一切美好的事物，那是你的权利。你相信它，就会得到它。事实上，那些大师都是这么做的。

对话第22天 | 感恩是一种福报

智者：现在我告诉你许多真相了，你当然有选择的机会，你选择美好人生的同时必须先确定自己到底想要什么，你用你的思想传递给我重要讯息，我来帮你实现。记住，你的当务之急就是知道自己真正想要的到底是什么。我已经重复多次了，不想再重复了。

苏乞儿：好，我记住了，亲爱的上师。

智者：假如你自己都不知道你想要什么，我怎么帮助你呢？怎么能给你的人生带来美好事物呢？现在，你知道你可以拥有一切，你可以成为你想成为的人，你可以做成你想做的任何事，完全没有任何限制能阻碍你成功。

你想得到什么，都告诉我，我都满足你。你可以对我下订单，把你想要的东西告诉我，成功就是这么简单。请相信我的话，因为已经有无数大师验证过了，你只要列一个总目标给我就可以了。你千万不要把你的终极目标换了又换，告诉我一次就足够了，不要怀疑它会不会实现，那是我的工作。你不要担心，你只须相信它会实现就可以了。

在它没有到来之前，你相信我已经给你了，千万不能动摇这种信念，别的事情由我来做。你必须相信我会给你，我能给你。孩子，其实在你向我提要求的那一瞬间，我已经把你所想要的给你了，你要给我一定的时间。

大多数人不相信会有这么好的事发生在他们的生命中，可是事实就是这样的。他们从不敢奢望得到自己真正想要的事物，他们总是不相信自己会得到。

孩子，你再看一看那些大师，他们是不是刚开始根本不知道怎么去做这件事，他们在开始根本不知道成功的秘诀，他们只是要自己去做，因为他们相信自己会做成它。

苏乞儿：可是，亲爱的上师，如果我相信它会到来，那它到底是怎样到来的呢？什么时间到来呢？

智者：那不是你的工作，那是我要做的事情。你根本不需要知道它如何来到你的生命中，我也不会告诉你，那都不是你考虑的事情。孩子，让我为你做些事情吧，让我来服务你，让我来帮助你。如果你一直问我它是如何实现的，那只能说明一点，你还是不相信自己会拥有它。如果你不相信，你永远不会得到，你要做的事情就是百分百地去相信，别的事情就交给我去做吧。

苏乞儿：好的，我明白了。亲爱的上师，我相信，我要谢谢你，谢谢你为我做这么多。

智者：孩子，除了相信，你还要去行动，不要拖延，不要自我怀疑，自我设限。当有灵感迸发的时候，马上行动，这是你的工作，也是你接收礼物的前提条件。

苏乞儿：嗯，好的。

亲爱的上师，有时候做事情之前，我会按我的直觉去做，这样对吗？

智者：很好，你要相信你的直觉。其实，那是我给你的启示，那是我跟你沟通的另外一种方式。当你产生直觉或预感时，你要相信它，你的直觉将把你带领到你想要的事物那里去。

苏乞儿：亲爱的上师，我再问一遍，我真的能拥有所有美好的东西吗？所有的都能吗？

智者：能。你能拥有任何东西，任何东西都可以。如果你想拥有财富，你就能拥有财富；如果你想要成功，你就会成功；如果你需要某本书，你就会看到你想要的那本书。但是，你必须要集中你所有的注意力专注在你想要的东西上面，你才能得到。实际上，它是被你脑海中的主导思想带来的。

苏乞儿：亲爱的上师，我现在一无所有，身无分文，穷困潦倒……

智者：你可以从一无所有开始对我提出要求，你的人生就是从一无所有开始的。你所要做的就是相信你自己，你已经知道结果了，你只需有信心地踏出第一步就可以了。跟着你的感觉走，别的事情不要考虑。

苏乞儿：亲爱的上师，那需要多长时间我才能成功呢？

智者：哈哈，我终于等到你来问这个问题了。时间根本就是不存在的，因为所有的事情都是同时发生的。

苏乞儿：这怎么可能呢？时间怎么会不存在呢？亲爱的上

师，我有点糊涂了。

智者：我承认让你现在一下子接受这个观念不现实，可这就是事实。任何你想要达成的目标在你列目标的那一刻，它已经在那里存在了。我把你想要的事物带给你是不需要任何时间的。

你之所以会问这个问题还是因为你没有完全相信你能拥有它，所以你会问多长时间你能够得到你想要的。孩子，把你带到礼物面前的人就是你自己啊，当你做到这些，你想要的都会出现在你的生命里。

苏乞儿：你的意思是说，我想赚一万和赚一百万是一样的难度吗，这怎么可能呢？

智者：当然是一样的，完全一样。对我来说，做每件事情都是非常容易的。所有的想法都来源于你的思想，是你自己认为赚一百万很难，需要很长的时间才可以，赚一万很容易，只需要一小段时间就可以。那都是你的思想在左右你，这些都是你自己定义的，对我来说，这没有难易之分。只要你相信会成功，会赚到，我就给你成功，给你金钱。

对我来说，根本没有时间长短，没有难易之分。赚一万和赚一百万是同样的事情，如果真的是一个来得快些，另一个慢些的话，问题就在你自己身上了，因为你心里就是那么想的嘛。

苏乞儿：这下我都明白了。亲爱的上师，那有没有方法加速梦想的实现呢？

智者：当然有，那就是感恩。所有的大师都把感恩作为他们生命中最重要的一部分，可以说，他们能功成名就，是全部归功于感恩。如果你想要成功，就从此刻开始感恩吧。

如果你无法感激你目前拥有的一切，你就不可能得到更多。

苏乞儿：为什么会这样呢？

智者：当你没有感恩的信念时，你脑中的思想肯定是消极负面的，这些思想无法把你想要的东西给你，这些负面的思想只会阻碍你迈向成功。举例来说，如果你想要成功，你对你的员工没有感激之情，你怎么能得人心，还谈什么成功呢？

苏乞儿：对，是那样的。亲爱的上师，那我怎样培养自己的感激之情呢？

智者：先感激你目前拥有的一切。感激你有爱你的家人，健康的身体，积极的心态……假如你开始感恩了，你会发现能让你感恩的事物实在太多太多了，你会发现你其实很幸福很幸福。

如果你一直心存感恩，我会把更多美好的事物带给你，实际上不是我给你的，而是你自己吸引来的。

当你对你想要的也充满感恩的时候，你发给我的信息就是你已经拥有它，所以你对它充满感激。孩子，如果我现在开始教你感恩，你能按照我说的去做吗？

苏乞儿：能！一定能！亲爱的上师，请你相信我。

智者：好，你从现在开始，每天早晨睁开眼睛，首先感激你还活在这个美丽的世界上，因为只要你还活着，一切皆有可能，你可以创造奇迹，你可以实现梦想，只要你还活着，所有你想做的事情都可能做成。要知道，有多少人见不到明天的太阳啊，你是多么幸运，所以，为你能活着感恩吧！

还要感谢你自己。孩子，你必须爱你自己，你必须善待你自己，也只有你能为你去拼搏，去奋斗。所以，尽情地感谢自己吧！

苏乞儿：嗯，我听话，我听话，我再也不轻生了，感谢我还活着，感谢我自己，更感谢你！

对话第23天　爱与想象，无所不能

智者：好，时间有限，感恩这一课时先告一段落，稍后我还会和你探讨。现在我们先来讨论你最想关注，并且让你热血沸腾让你很兴奋的一个话题：如何成功致富？

苏乞儿：对啊，我太想知道成功致富的秘诀了，我该如何致富改变我家族的命运呢？虽然目前我有份稳定的工作，但我是月光一族，微薄的薪水根本不够花，我的全部收入来自这份工作，薪水是固定的，我该如何致富呢？

智者：好，你提出的所有问题都可以用这个答案作答：那就是，去要它吧。

如果你想要金钱，想要多少呢？告诉我一个具体的数字吧！例如，一年之内你要赚 100 万，或者 1000 万。这里有个前提条件，那就是你需要百分之百地相信你会得到它。

如果你的思想还是和过去的思想一样，你认为工作是金钱的唯一来源，那你就大错特错了。你之前就是那样想的，请问带给你想要的结果了吗？没有吧，要不然你就不会遇见我了不是吗？既然没有，那赶紧丢弃你的那种思想吧。

现在你终于明白了，金钱已经在那里等待你了。你的任务不是关心它如何到你的生命中来，拜托，那是我的工作，你不要搞混。你唯一的任务就是对我提出你的要求，还要百分之百地相信你会拥有这些财富。你只需要让自己感觉已经非常富有就足够了，至于其他的事情，就全部交给我去做吧。

孩子，成功致富是你与生俱来的权利，在你人生的每一个年龄段你都会拥有财富，甚至拥有的超乎你自己的想象。我已经说过很多次了，你值得拥有你想要的一切美好事物，你所要求的，我统统都会给你，但是你必须要用积极的思想把它们召唤到你的生命里。

现在，你已经知道这个秘诀了，致富的金钥匙就是你的思想和你的感觉，你想拥有，你感觉拥有，你就会拥有。你还有一个任务就是为这个社会造福，你要把你知道的所有秘诀毫无保留地分享给你的同类，这也是你的人生使命。

你可以看看，那些功成名就的大师们已经用他们的事迹来告诉你，生命本来就是富足的，每个人都应该如此。

孩子，这世界上没有什么是不可能的，只要你想得到，你就做得到。不论人、事、物，所有的事物都没有限制，唯一有限制的就是你的思想。请你打开你的心扉发挥你的想象力，尽情地创造你精彩的人生吧。

当你下定决心开始追求你想要的东西时，你得到的东西会超乎你的想象。孩子，你能来到这个美丽的世界上，你何其幸运！你被赋予神奇的力量，你只要拥有爱，爱无所不能，勇敢地创造你的人生吧。

你想做的所有事情都是没有限制的，因为你的想象力是无限的。每一个人都能成功，如果他们目前没有成功，只有一个原因，那就是他们自己不相信自己会成功。我对你们每一个人都是公平的，只是对每个人的方式可能不大一样。同时，我也是自私的，我只给相信我的人力量和智慧。他们没有成功，是因为他们自己不相信，而不是我给不给的问题。

孩子，实际上，我想通过你的双手，把所有成功的秘诀全部告诉给这个世界上的每一个人。我赐予你们自由的意志，至于你们按不按照我说的话去做，还是你们自己决定吧，因为你们自己的人生，自己负责。

每一个人都有能力创造自己的人生，所以，你尽情地创造吧，你的人生有无数种可能性，因为你的创造力是无限的，唯一能创造自己的那个人也只有你自己。

大多数大师虽然非常有成就了，也深深知道成功的秘诀，但为了捍卫自己的地位，他们没有把成功的秘诀分享给别人，所以成功的人只是少部分，这不是我想看到的结果，因为你们每一个人都是我的孩子，我疼爱你们每一个人。你现在遇到了我，已经知道了很多秘诀，你不能独吞，你一定要学会分享。如果你按我的话去做，将爱传播给每一个人，你的人生一定会发生翻天覆地的变化。

借由这些秘诀，你会越来越成功，你已经知道了你本来的人生身份，请你去帮助别人。如果你能做到，那你的存在对于这个世界来说意义重大，因为你将改变无数人的命运，你将给这个世界带来美好。孩子，你本身就是我给这个世界最好的礼物，你是与众不同的，也是独一无二的。

苏乞儿：嗯，亲爱的上师，请您放心，我一定尽我所能把这些秘诀全部分享给大家，给大家传递正能量，尽自己最大的力量给这个世界带来美好。

智者：现在，我们再返回到前面我跟你探讨的课题：爱。我曾在前面告诉你，爱无所不能。你也可能一直纳闷，那些大师拥有成功的人生，他们到底是知道什么诀窍才拥有那么成功的人生？他们的确是知道了别人不知道的事情，他们每个人都知道世间最强大的能量就是爱。

爱能让你拥有一切。

对，你没有听错，是爱，爱是所有美好事物的起因，没有爱，这个世界上只会寸草不生，绝对不会有人类存在。

你可以想一下，假如没有爱，这个世界会变成什么样子？我想，没有爱，什么都不会存在，包括你自己。

你想实现的梦想，你想拥有的人生，都是因为爱。你想得到的一切难道不是因为爱吗？你如果不是因为爱你的家人，你会想要改变吗？如果不是因为他人，你既然想改变自己，那也是因为你爱你自己，你不想自己再过穷苦的生活了，难道不是吗？所以说，所有的一切来源都是因为爱。

没有爱，就不可能拥有成功人生。那些大师之所以拥有成功人生，是因为他们爱自己，爱家人，爱社会，爱国家，爱自己的事业，爱自己的员工……总而言之，全都是因为爱。

对爱来说，它是无所不能的。无论你是谁，无论你在哪里，无论你的过去是怎样的，爱都能让你梦想成真。

每一分每一秒都有可能是一个改变命运的机会，因为爱会为你创造机会。当你学会爱时，过去不好的都过去了，当你学会爱时，你的人生已经开始转变了。

你可以拥有任何你喜爱的事物，前提是你要爱它，无条件地为它付出爱，不找借口地爱它。当你为你喜爱的事物付出爱时，它会给你的人生增加更多的爱来丰满你的人生。

苏乞儿：那有没有爱做不到的事情呢？

智者：没有，我说过爱无所不能。你所想到最美好的事跟爱的力量比起来，太渺小了，爱是无限大的。你不要再自我设限了，尽情地发挥你的想象力吧！无论你要的是什么，都尽量让自己去想象最棒的状态，让爱陪伴你去得到它。

那些大师和普通人的区别在于爱或不爱。那些大师脑中只会想他们喜爱的事物，他们的梦想都是大爱，他们把爱别人当成自己的使命，他们从不想自己不喜爱的事物，就是这么简单。所以他们成功了。

除了爱，想象力对你的人生也至关重要！

历史上所有的大师都是想象力狂野的人，他们敢于想别人不敢想的事情，他们敢于打破常规。无论在哪个领域，那些敢于想象不可能之事的人，他们成功了，名字都被载入了史册。他们打破了自己想象力的界限，所以，他们能改变世界。

你的人生是你想象的结果。好的坏的都是你想象的结果。大多数人的脑海中装的都是不好的事情，他们从不去想美好的事情，他们的世界充满了恐惧，总担心自己出错，结果还真的出错了。因为他们的思想决定一切，他给出去的是什么，他就会接收到什么。所以，在你人生的各个领域，你都要尽力把自己想象成最好的，所有你认为想象的很大的结果，对爱的力量来说，都是非常容易的。

对话第24天 “给”永远比“拿”快乐

苏乞儿：亲爱的上师，会不会我想要的某一件事情这个世界上根本就不存在呢？

智者：呵呵，无论你脑中的愿望是什么，它早已存在。只要你能想到的，它早已在这个世界上存在。你不可能想象出不存在的事物，如果它们不存在，你根本没法想象啊。

你的命运掌握在自己的手上，你想象中的东西将改变你的人生。孩子，无论你的梦想看起来多么遥不可及，事实上，它跟你的距离比你生命中的任何事物都要近，因为实现你梦想的所有力量都在你的体内，它离你最近。

你可以驾驭爱的力量，让爱帮助你完成人生中你想完成的任何事。无论你想让爱为你做什么事，只要你想象已经得到它，并对它的到来充满爱与感恩，那么，你就会真的拥有。爱会为你做任何事，你必须相信能拥有它，那些大师都是这么做的。

苏乞儿：可是，亲爱的上师，有时候，会有许多烦心事阻碍我，我常常被小事所左右，它们会使我分心。

智者：孩子，我要告诉你，在你的人生当中，你只须定一个终极目标，那些小事都是用来考验你的，你要经得住诱惑。对于你的梦想来说，他们又算得了什么呢？那些小事没有一件是重要的，烦心事只会阻碍你成功。所以，学会让你的人生简单一点吧。当你丢弃那些烦心事时，你会无比快乐，你快乐了就能创造出更好的东西满足你自己，所有美好的事物就都会涌进你的生命里。

苏乞儿：可是，当那些坏事情出现在我的生命里。我该怎么调整自己的心态呢？

智者：你已经错了，你大错特错。问题在你自己身上，是你给这件事贴上坏的标签，你又如何判定它是坏事情呢？我要告诉你一个事实，这世间所有事情没有好坏之分，是你们大家非要把它们区分成好事和坏事。

苏乞儿：为什么会这样呢？

智者：这都是缺乏爱的表现，你之所以认为它们不好都是因为你对它没有付出爱。你甚至带着恨，你讨厌它。前面我对你说过，你给出什么，你就会得到什么。你讨厌它，得到的肯定是不好，相反，如果你爱它，你得到的就是爱。当你遇到困难，遇到挫折，遇到烦心事的时候，你要学会爱它们，当你付出爱的时候，它们自己就投降了。这个秘诀所有的大师都知道。

从一出生你就被赋予了爱人的能力，其实，你所有的人生目标都是为了得到爱，你想拥有财富也好，拥有地位也好，你想成功是为了得到更多人的爱。所以，你的人生目标可以设定为得到爱。

我反复强调，你想得到什么你就要付出什么，你付出爱就会得到爱，爱就是你们指的成功、幸福、快乐，反过来简单一点说，如果你付出爱，你就会得到一切。

孩子，付出你的爱吧，因为爱能帮你吸引更多的财富，你的人生比你想得还要富足，你比你想得还要伟大，当你大量地付出爱时，你的那些目标都会实现。你的心中有一股最强大的力量，它能让你拥有成功人生。它就是爱！

苏乞儿：嗯，亲爱的上师，我记下了，我会大量地付出爱。

智者：孩子，一个人如果知道自己真正想要的是什么，就一定会找到最适合自己的生活，那些存在的诱惑对一个想要成功的人来说根本不起任何作用。你的身体可能在世界上奔波，你的心情也可能在红尘中起伏，关键是你自己的内心是否健全、强大。

如果你有一定要成功的决心，你就能成为你奔波身体和起伏心情的主人，你就能主宰自己的命运。任何时候都不晚，任何时刻你都可以开始做自己想做的事，千万不要用年龄和外在因素束缚自己，自我设限，知道了吗？

苏乞儿：嗯，亲爱的上师，我知道了。

智者：还有一个法则要告诉你，任何发奋努力的背后，必有加倍的赏赐。所以，你千万别去找借口失败，只能找动力去成功。试着每天给自己一个希望，不纠结明天，不遗憾昨天，只做好今天就足够了。任何事情都是有可能的，所以别放弃，相信自己，你可以做到的。

苏乞儿：亲爱的上师，为什么有时候我决定做一件事，但是很难坚持，总是改变主意呢？

智者：那不是成功人士该有的特质，你既然也知道自己意志不坚定，那就要改变。三心二意难成大事。对事情要专注，在梦想实现之前，不要轻言放弃，否则前面所有的功劳都将白费，损失更大。

为什么你会改变主意？原因就是你不相信自己会成功，你看不到希望，你开始怀疑自己，最后自己劝自己放弃。明智的人像那些大师一旦选择了就永不放弃，所以他们成功了。知道了吗？

苏乞儿：嗯，知道了。亲爱的上师，我突然想问你一个问题，你前面告诉我，得到之前必须先付出，可以告诉我具体怎么做吗？

智者：当然可以。

无论你想拥有什么，都要先给予别人。

举几个例子给你说明一下。如果你想要快乐，那你就让别人快乐；如果你想要富足，那就先让别人富足；如果你想要成功，那你先帮助别人成功；如果你想让自己生活中有很多爱，那你就先让别人生活中有很多爱……就是这么简单。

你要全心全意地去为别人付出，你才会有收获。你要记住：你给出去的所有，最后都会回到你身上，无论好的还是坏的。

苏乞儿：为什么会这样呢?

智者：我解释给你听。假如你给别人快乐了，试想，你既然可以给别人，说明你自己已经拥有了，只有你拥有了才能给出去。你不能把自己没有的东西给别人，于是，这个想法就植入你自己的潜意识，你告诉自己很快乐，你愿意给予别人快乐，慢慢地，这个想法对你本身产生了效力，你就真的很快乐了。

所以说，当你想要什么东西，你就把它给出去，你潜意识认为你不缺它了，结果你真的就不缺它了。

苏乞儿：嗯，想要什么就给出什么。我记住了，我一定按你说的做。

智者：你要记住，任何事知易行难。

苏乞儿：亲爱的上师，那我到底是谁?

智者：任何你想成为的那个人！这就是你的真实身份。你总是有好多想法，如果你生来就想做一个成功人士，你就不要换来换去，专注你最想要的，你就会成功。至于你是谁，你将来成为谁，这都在于你自己，只要你全力以赴，你想成为谁就可以成为谁。

你自己有思想有主见，无论你选择什么样的人生我都不会干涉。你的一生是你自己创造的，而我，一直用智慧伴你同行。你可以选择对你的人生负责任，也可以选择对你的人生不负责任，都没有关系，那都是你自己的意愿，我从不干涉。

苏乞儿：那是什么意思？你不是说要帮我改变命运吗？如果我选择游戏人生你不制止的话，怎么可能拥有成功人生呢？这根本是矛盾的，你能解释给我听吗？

智者：你所决定的事情都是你的内心所渴望的，无论好的坏的，总之，都是你内心想要的。孩子，我一直都是爱你的，如果你跟着自己的选择走，你的灵魂就会快乐，这是你自己的意愿。而我，作为你的救世主，我看到你想做的事情，无论好的坏的，我都会按你的要求促成你。我的工作任务就是要你快乐，而不是强迫你得到。

那些大师知道这个道理，所以他们总是逼迫自己选择好的事物。他们让我协助他们达成，所以他们的人生是成功的。没有事情做的时候，你可以研究一下那些大师，或许会对你的人生有所启迪。

苏乞儿：亲爱的上师，我的过去和未来究竟是什么关系？

智者：呵呵，这很简单，万事万物都逃脱不了因果关系。你的过去决定你的现在，你的现在决定你的未来。大多数人都知道这一点。但这也不是完全正确的，过去不代表未来。

苏乞儿：为什么会这样呢？

智者：因为“过去”和“未来”中间有“现在”这根纽带，如果你的过去是糟糕的话，只要你愿意在现在作出改变，你的未来同样会是精彩的。

苏乞儿：亲爱的上师，你的意思是说，当下这一刻才是最重要的了，是这样吗？

智者：对，非常正确，你很聪明。我亲爱的孩子，你们在自己设置的监狱里已经生活多年了，你们应该勇于打破常规。你要让你的心灵解放。

苏乞儿：亲爱的上师，我内心的巨人被你唤醒了，我开始兴奋，我要怎么开始？

智者：实际上，你已经开始改变了，只是你不知道而已。你是我，你代表我去实现你的价值，以你现在的形象去现身说法。我知道你的所有事，过去以及未来。

对话第 25 天 | 相信，才会有奇迹

苏乞儿：你怎么可能知道我的将来呢？我都不知道，我的下一刻会做什么？

智者：我当然知道。你的一切决定我都会知道。

苏乞儿：为什么会这样？因为你是智者？

智者：很简单，你已经开始做了选择，未来的一切你现在已经开始在做了。当下你正在做！你明白吗？我说过时间根本不会存在。这个观念之前我们已经探讨过。如果你忘记了，那现在我们一起来回顾一下。

苏乞儿：好的，再具体给我讲讲吧。

智者：“过去”，“现在”以及“未来”都是你们给时间贴上的标签，其实一切事物都是同时发生或存在的。

苏乞儿：一切事物？

智者：是的，没有听错。一切事物都是这样的，它们同时在发生，同时在创造。你想要的东西，无论好的还是坏的，在你要求的那一刻就已经得到了。

苏乞儿：太棒了。这条讯息我很喜欢，谢谢你告诉我。

智者：不必谢我，是我要借助你帮助更多人，所以你也要把你知道的传播给别人。

苏乞儿：好的，我一定会。我会尽我所能。

智者：在你们的生活中，一连串事件接连不断地在发生着，它们与你的人生捆绑着，无论好坏都给你的人生增加了色彩。一切事情正在发生，也正在创造。

苏乞儿：嗯，我明白了，亲爱的上师。谢谢你。

智者：孩子，我也要谢谢你。谢谢你对我的召唤和给我的挑战。谢谢你需要我，谢谢你相信我，谢谢你愿意努力成就我。

这就是为什么我要来遇见你的原因。这就是我为什么喜欢与你对话的原因。因为你，我发现了我内在的潜能，也看到了你的潜能。

我最亲最爱的孩子，我爱你们每一个人。凡是想遇见我的每一个人，我都会帮助他，每一个人。这次谈话不只是要帮助你一个人，还是为了帮助全世界所有需要我的人。在他们需要我的时候，这次对话才发挥作用。你们每个人都是自己创造的结果，不要感谢我，遇见我其实是你们自己带领自己来找我的，所以感谢你自己吧。我会给你们每个人所有渴望的一切，永远。

苏乞儿：你真的会永远给我们每个人所渴望的东西吗？

智者：是的，亲爱的，我永远这样。

你相信什么就一定会得到什么，那些大师都是这么成功的，我爱他们，他们也爱我，同样我也爱你们。我不会给你不相信就可以得到的东西，不论你多么渴望，因为你不相信，就不可能得到。因为我不会做任何违背你们意愿的事情，因为我爱你们。我做不到，这是我的原则。

相信自己不会得到，就等于对它没有极度渴望，又怎么会得到呢？

苏乞儿：好吧，如果我想成功，我就试图相信成功，对吗？

智者：当然不对，不要去试图相信，而应该去完全相信，完全相信就会出现奇迹。

苏乞儿：嗯，亲爱的上师，我明白了。但有时候感觉许多事情遥不可及，我怎么才能做到完全相信它呢？我虽然知道了只有相信才能拥有，但是有些事我实在无法相信，我必须向你坦白，我做不到完全相信。

智者：你不能相信的，就假装拥有，假装拥有，你也会得到。我前面已经说了，如果你得不到，你就去帮助别人得到，最后你也会得到。那些大师在刚开始都是这么做的。这也是我要你写这本书带给人们的真理。

苏乞儿：可是这根本不是我写的啊，根本就是你说的话，你才是作者，我只是把它们记录下来。

智者：我是作者，你当然也是，没有你，这次对话根本不会成立。这本书作者是我，也是你，我们共同创作了它。如果你认为与你无关，那就失去对话的真正意义了。

苏乞儿：嗯，谢谢你与我对话，我希望能够一直对话下去，而不只是30天。

智者：那当然，孩子，我爱你，这对话永远不会结束。这次对话是我给你们的一份礼物，什么时候你们需要我，我还会出现的，对谁都一样。

苏乞儿：如果真是这样，那我太开心了。我们人人都需要这份礼物，因为它太棒了。亲爱的上师，我很高兴你能选择让我把这个礼物带给大家。我一定不会辜负你对我的期望，力争把这个任务圆满完成。

智者：很好，尽管去做吧，让每个接触你的人都领悟到这些成功的秘诀，让他们每个人都找到人生使命，活出自我，拥有成功人生。给予这份礼物，你将成为他们最好的朋友。

苏乞儿：可是我还是需要你的帮助与支持。

智者：放心，我将永远帮助你，支持你！我们是最好的朋友。

苏乞儿：我很喜欢这样的对话，谢谢你，我最亲爱的朋友。我也要告诉你，我也爱你。

智者：有一天，我们还会合二为一地讲话帮助别人，因为这是你的人生使命。

苏乞儿：好啊，我充满期待。一言为定！

智者：看看你高兴的样子吧，你好久没这么开心了。

苏乞儿：是啊，好久没笑过了。啦啦啦，我太高兴太开心了，简直想高歌一曲。

智者：开心就好，不如我们击掌吧！我们说好的。

苏乞儿：好啊，击掌，击掌！

智者：我们已经谈了不少东西了！时间过得这么快，我打算换个话题了。孩子，你准备好了吗？可以继续了吗？

苏乞儿：嗯，真的说了不少东西了。继续吧！我准备好了，我现在喜欢上与你对话了，我多想把脑中所有疑惑的问题全部一股脑儿地问出来啊。

智者：好，可以，想问什么就问什么吧。我都回答你。

苏乞儿：我们继续吧。

智者：好。

苏乞儿：我很爱你，你知道吗？

智者：呵，我们好像谈恋爱一样了，我也爱你，以前不知道你爱我，现在已经知道了。

我爱你们每一个人。我要告诉你，你的所作所为都是为你自己而做。你为别人做什么，你就会得到什么；你对别人好，就是对自己好；你伤害别人，就是伤害自己。不论你想做什么，这条规则永远不会变。如果你想得到成功，你先帮助别人了，最后你也是成功的，因为帮助别人就是成就自己。

苏乞儿：嗯，我知道了。

对话第26天　从挫折往上跳，你会跳得更高

智者：孩子，你一定要把我告诉你的这些秘诀，第一时间分享给所有接触你的人，你所听到所学到的秘诀一定要让你身边的人知道。尽全力帮助他们成功，以后每天都要如此去做。因为这是天大的秘密，知道的人是少数，他们成了大师，他们虽知道成功的秘诀，但为了捍卫自己的地位从而没有把秘诀告诉别人。我爱你们每一个人，能让你们每一个人都走向成功是我最大的心愿，愿亿万人通过你改变自己的人生命运。

苏乞儿：好啊，我非常愿意这么做。

智者：如果你们生活中有压力了，有烦恼了，想放弃了，你们要把一切的忧虑推给我，因为我会替你们去解决。你告诉我，我都会应许你，并将你所不知道，又大又难的事解释并指示给你听。

实际上你们没有拥有成功人生是因为你们不对我发出要求，只要你们凭着信心大胆提要求，我都会让你们如愿，无一例外。

苏乞儿：那要求受时间、地点、年龄的限制吗？

智者：不会。要求不受时间、地点、年龄所限，你一发出要求，我就会接收到。你们要求，就给你们，你们创造，就会得到。举个例子来说明一下，你们中谁有儿子要面包，你却给他垃圾的呢？你们虽然没有成功，也不富足，但依然会给你的孩子最好的，何况你们的智者朋友，岂不更应该把好的东西给予求他的人吗？所以无论何事，你们愿意人怎样待你们，你们也要怎样待人。这是成功的秘诀之一。

苏乞儿：那些大师成功的最关键因素是什么呢？

智者：不管做什么事，一定要打持久战，你们凡人，都很善于做梦，偶尔也会为目标付诸行动，但多数都失败了。为什么呢？因为你们都只有三分钟热度，很多东西在于细化，不是在于喊口号、树目标，脚踏实地才能做成大事。

为什么多数人没有成功，因为多数人总是说，没有思考。那些思考的人当中，又有太多人总是思考，没有做。从说到做，实质要经过“说”、“想”、“做”三个过程，然后坚持不放弃，才会有成功的可能。

苏乞儿：我现在处于低谷当中，我必须要努力。

智者：孩子，人生难免有高低起伏，在低谷中要加倍努力，要明白没有永远的失意；在高峰时要懂得珍惜，要明白没有永远的得意。无论顺逆，你都要勇往直前，只有如此，你的人生才会有不同的境遇和高度。

孩子，要记住，无论什么时候，在这个世界上只有一个你，无论你是落魄还是贫穷，无论你是失败还是流浪，无论你是成功还是辉煌，无论有没有人爱你，都要记住这句话：你是不一样的烟火，你和别人不一样。

苏乞儿：嗯，我记住了。我会很快爬出低谷。

智者：不错，事实上，你已经开始重生，加油在每一天。机会来临时要紧紧抓住机会，不要放手！否则今天失去的，永远不会再拥有。那些大师都知道成功的秘诀就是每天进步一点点，每天都在努力，每天都在超越自己。

那些大师在成功之前的决定和行为都是超乎一般人的思维模

式，超乎大多数人的想象，都认为不可思议，所以成功永远属于极少数人，成功永远属于那些善于做明确决定的人。

那些大师想好了从不考虑别的，他们勇于承担结果，大胆往前走。他们全身心进军一个领域，而且只瞄准第一，要做就做另类的，别人没有做过的事情，也就是你们凡人所说的创新，所以，他们才能成功。

一个人要想成功就一定要懂得专注，懂得聚焦。过去你之所以还没成功，不是因为你没有机会，而是因为你有太多的机会，你什么都想去做，结果什么都做不好。因为人的精力是有限的，你要学会把精力专注在自己想要的事情上。

成功其实是非常容易的，只要用心去做，任何人都能成功，当然，多数人都被自己否定了。你明白了吗？

苏乞儿：我明白了，专注自己想要的，相信自己。我受够了痛苦的日子，我要走出这段黑暗的岁月，一定要！

智者：孩子，如果你的眼前一片黑暗，不要害怕，那是因为你自己在发光，成为黑暗中的光，那是你的本质。任何事都怕坚持，怕持久。找到属于自己的能量场，才是一切精彩的开始。

任何一个大师，他们做任何事都不会为放弃找借口，他们会用行动证明自己是最棒的。他们不达目标永不放弃，所以，他们才能成为大师。

孩子，一定要学会专注，聚焦到自己擅长的工作上去，只要你敢坚持，终究会出现奇迹的。你要相信，只要你坚持下去，一定会成功，只是时间长短而已。

苏乞儿：亲爱的上师，我知道你会帮我，会扶我，会替我着急，至于能不能成功，其实靠我自己。你的作用是告诉我成功的秘诀，而绝非背着我跑，方法你告诉我了，至于去不去做，在于我，不在于别人！我明白内因是我，我不努力，你再帮我都没用。所以我一定会努力。

我绝不放弃属于自己的时间，一点点也不可以，脚下的每一步路，都必须是我自己想走的，我可以遗憾，可以后悔，可以痛苦，可以落泪，但我兴致勃勃想做的，谁也无法阻止我。跟你的对话，我的收获是，不要怕做不好，也不要怕做错，但是一定要努力去做。要有目标，要始终在路上。

智者：好，说得好，太棒了。听完你的话，我很欣慰。孩子，你已经脱胎换骨开始创造新生活了。孩子，过去的终会过去，该来的一定会来。

苏乞儿： 亲爱的上师，生活中为什么聪明的人不易成功呢？为什么上班族创业不易成功呢？

智者： 这个问题有意思，我告诉你为什么。聪明的人不管做什么事，都是自己先用自己的思维模式去判断一下，去怀疑一下，结果最终就放弃了。聪明人往往是最失败的，仿佛什么都看透了，其实什么都没看透，因为他看到的都只是表面而已。太聪明的人，不管做什么决定，都先打上一个问号问自己，然后自己给出答案，机会就这么被否定了。

一个人太懒了，是不可能成功的。上班族的生活模式和工作模式以及他们的做事风格，创业者根本不能去学习，如果谁都能轻松把钱赚了，谁还上班？上班族总是认为自己已经很努力了，但跟那些大师比较一下，他们的努力就太业余了。只有持续不断地超乎常人地付出和努力，你才有可能成功。

这个世界上天才的确很多，只可惜打破常规，打破惯性的人太少太少，所以成功者永远是少数。

苏乞儿： 那些大师和上班族的区别是什么？

智者： 有人说是思维模式，有人说是勤奋程度，其实是分清人与人之间的关系。上班族喜欢协作，大师喜欢合作，协作就是你帮我，我帮你。合作呢？就是学会了交易，懂得利益交换了。这是上班族最难转过来的弯，但一旦转过去了，就成功了。

苏乞儿：亲爱的上师，那一个人如果想要获得非凡成就，什么才是最重要的？

智者：一个人如果想要获得非凡成就，有三件事至关重要：第一是配偶；第二是师父；第三是合作伙伴。

苏乞儿：为什么配偶放在第一位？

智者：男人通过征服世界来征服女人，女人通过征服男人来征服世界。

苏乞儿：那为什么师父放在第二位？

智者：你能走多远，很大程度取决于你的师父，也就是说，你必须找到自己的人生教练。师父不是帮你成功的绝对因素，但可以让创业的路走得直一点，少走很多弯路。

合作伙伴放第三位是因为当今社会需要合作，没有一个人可以靠自己打天下，双赢就是最好的合作方式。

孩子，你要研究一个东西，一定要深入下去研究，要找到规律。即便是跑步这么无聊的事，只要你每天坚持去做，你也会悟出一定的道理。

苏乞儿：亲爱的上师，我发现每个成功人士好像都有自己独特的法宝，但是又有共同的绝技。

智者：成功其实并不难，你需要找到自己的节奏，并且设定好计划。只需要持之以恒，其余问题就迎刃而解了。

事情不怕小，怕的是你日复一日坚持做。只要你坚持，就能找到属于自己的方法，那些大师都是这么做的。成功绝对不是速成的，而是日积月累形成的，你一定要相信日积月累的力量。

一个人如果不逼自己一把，根本不知道自己有多优秀。一个人要想优秀，必须要接受挑战。一个人想要尽快优秀，就要去寻找挑战。一个人的知识，可以通过学习得到。一个人的成长，必须要通过千锤百炼。所以说，你不要害怕磨难，那些挫折都是你走向成功的垫脚石。

对话第27天 | 你有特定的人生使命

智者：每一个大师，都有一段沉默的时光。那一段时光，他必定付出了很多努力，忍受了很多的孤独和寂寞，个中滋味，只有他们自己知道。日后说起时，连自己都可能被自己感动吧。孩子，每一个大师都有一段痛苦的时光，他们心里清楚，这世界上不是只有他们一个人在努力，所以他们永远不会轻易放弃自己的梦想。

孩子，你不要怕事情小，只要你敢坚持20年，你就可以打败多数人，而且根本不需要把别人当成竞争对手。因为他们熬不过你，用不了多久，他们自己就投降了。

苏乞儿：亲爱的上师，那些大师获得成功最重要的原因是什么？

智者：所有的大师，他们都知道，人一生中最重要的就是今天。只有今天才是最有可能被利用的，寄望于明天的人是一事无成的人。到了明天，后天也就成了明天。多数人喜欢把今天的事情推到明天，明天的事情推到后天，一而再，再而三，事情永远做不完。只有那些懂得利用今天的人，才会在今天创造明天的希望。

苏乞儿：亲爱的上师，书上说任何人只要专注于一个领域，五年可以成为专家，十年可以成为权威，十五年可以成为世界顶尖的大拿。人们眼中的天才之所以卓越非凡，并非其天资高人一等，而是付出了持续不断的努力。真的是那样吗？

智者：是的，大师总是专注于自己想要的，持续不断地努力，他们做事是有迫切性的，是有野心的，是毫不犹豫的。如果你把你的目标设定为十年，你就没了竞争对手。那些大师都知道这一点。

苏乞儿：嗯，我知道了。

亲爱的上师，真的存在人生使命吗？

智者：那当然，每个人在每个阶段都有特定的使命，到什么年龄段做什么事，要有主次之分，不要和别人比，因为每个人想要的生活都不一样。该沉稳安静的时候不要羡慕别人的热闹，该拼搏的时候再累也要挺过去。只要安心做好每一个年龄段最重要的事情，就能一步一个脚印扎实地走好人生每一步，过上自己想要的生活。

苏乞儿：上师，成功的人为什么那么少？

智者：孩子，其实成功的道路上并不拥挤，因为坚持的人并不多。成功路上需要选择，但会选择的人不多；成功需要贵人的指引，但有导师的人不多；成功需要目标，但知道方向的人不多；成功需要全力以赴，但能集中精力的人不多；成功需要不断学习，但会学习的人不多；成功需要付出，但舍得付出的人不多。

苏乞儿：亲爱的上师，过去的我总是得不到自己想要的东西，这到底是为什么？

智者：你总是得不到你想要的东西，原因只有一个，就是你根本不知道自己到底想要的是什么。生活本来就不容易，你必须要清楚自己想要的生活，然后为之努力奋斗。如果你不能飞翔，那就加油奔跑；如果你不能奔跑，那就稳步行走；如果你不能行走，那就默然爬行，但无论发生什么，你都要一直前行。

苏乞儿： 是啊，我的过去真的非常的糟糕，我一定要大步迈过去，对旧时光说声“再见”，对新生活说声“你好”。

智者： 孩子，现在的你是过去所造，未来的你当然是现在所造。如果你想知道你的过去式，看一看现在你的状况；如果你想知道你的将来式，看一看你目前的境遇。我在前面已经说过，当下最重要，你的每一分每一秒都在闪着光，你的现在注定要创造你的未来。

孩子，勇敢做你想做的梦吧，去你想去的地方吧，成为你想成为的人吧。因为你只有一次机会，一次生命去做那些所有你想做的事。抛弃你的浮躁，抛弃你的懒惰，抛弃你的烦恼，向梦想进军吧。永远不要放弃你真正想要的东西，等待虽难，但后悔更甚。不要着急说你无路可走，也许下一个路口就会遇见希望。

苏乞儿： 亲爱的上师，在生活中常常会遇到许多坏事，它们会阻碍梦想的实现，这时我该怎么办？

智者： 要坚持，所谓的坏事那是你自己定义的。事实上，每件事都会变成好事。如果现在还不是，说明还没有走到最后。当你真正渴望做一件事，但它又给你带来很多痛苦的时候，你所做的只有一件事，那就是坚持下去。

孩子，其实这些困难都是我设下的魔法，我在考验你为了你的梦想到底能坚持多久。实际上，考验的背后藏的是礼物。大多数人在考验的时候就放弃了，迈过考验得到礼物的人都成了大师，其实，这是个秘密，知道的人很少。

苏乞儿：亲爱的上师，你说我有自己的天赋吗？我有自己喜欢做的事情吗？

智者：有，一定有！每个人都有自己的天分，你一定要把它找出来，发挥到淋漓尽致。这个世界上一定会有一件事，是你真正喜欢做的事，做你喜欢做的事，你就不会觉得累，你会觉得很享受，这就是成功的来源。你要学会与自己独处，不断地问自己想要的是什么，一定要捏造出你人生真实的样子与形状。除了这件事，外界所有的事情都不能打扰你。如果你努力把它找寻，命运怎么可能辜负你？

苏乞儿：嗯，这些道理我都明白，有时候还会钻牛角尖，一想到失恋这件事，心情就会很低落，我该怎么办？

智者：孩子，其实这个世界上有很多爱你的人，不要因为某个人而彻底封闭了心门，越是心情低落的时候越要努力调整自己。能分开的，都不是对的人，你又何必烦恼？失去他未尝不是一件好事，不到事情的最后你永远不要说这是件坏事，那是你自己定义的。其实，爱一直在那里等待你，只是你自己没有发现。真正爱你的人看到你不开心会心疼你，所以，你不只是为自己而活。为了所有爱你的人，你也要开心起来。何况你还有人生使命，永远不要在不值得的人身上浪费一分一秒。生活中没有迈不过去的坎儿，前提是只要你想迈过去。

苏乞儿：嗯，说得太好了，没有过不去的坎儿。我一定勇敢迈过去，所有不好的从这一刻开始都翻篇了。

智者：好，那就好。

苏乞儿：我们继续吧。

智者：好。

苏乞儿：亲爱的上师，如果在追逐梦想的道路上我遇到困难，你能及时出现为我指点一二吗？

智者：其实你说的困难都不叫困难，因为你最大的问题就是太聪明了，你总是喜欢在脑子里不断地给人推演，喜欢揣摩别人的想法，你总是把问题想复杂了。那些大师说过这样的话："我从来没想过创业成功需要先解决什么，后解决什么，但是我知道我想要的是什么，怎样做能够达到成功，我就怎么做。"那些喜欢讨论和推演的人，多数都是理论家，他们是不会成功的，因为他们总是分析成功的可能性，而不是去行动。

大多数人是没有智慧的。

苏乞儿：什么是智慧？

智者：智慧一定是简单的，你想要的结果是什么，然后去做就行了。有些事情，一旦你在反复思考可行性，就已经注定了你是一个失败者，因为你只会思考，不会行动。

那些大师从来没有犹豫不决的想法，他们在三岔路上要做出许多正确选择，才能君子坦荡荡地到达终点，不给自己留下遗憾。

成功者都说先从小事做起，多数人总是急于做成大事，结果一事无成。

孩子，坚持去做一件小事吧！大师的话是有道理的，小得不能再小的事，你去坚持下来，就能打败 99% 的人，因为别人都认为这是小事，都坚持不下来。所以，小就是大。

苏乞儿：亲爱的上师，那些成功的大师成功之后会遭人非议，会受许多委屈是吗？

智者：实际上，每一个人的一生都会遭受许多委屈。而一个人越是成功，所遭受的委屈也越多。要想拥有成功人生，就不能太在乎委屈，不能让它们揪紧你的心灵。大师都懂得隐忍，原谅周围那些人，让自己在宽容中强大。成功者都不会在意别人的眼光，他们信自己，信自己选择的道路，只会一直走下去。

孩子，你如果想要成功，你必须清楚地知道自己的目标，为此要放弃一些，改变一些，容忍一些，那些大师成功之前都是这么做的。他们都知道，为了他的目标，大多数东西是可以放弃的。

苏乞儿：嗯，我明白了。上师，对于成功来说，情商智商是很重要的吗？

智者：智商不是最重要的，情商也不是最重要的，最重要的是你要坚持。哪怕你笨得要命，只要你坚持一个目标，比起不断换目标的聪明人，最终的胜利者一定会是你。

对话第 28 天 | 没有行动的梦想都叫做妄想

智者：孩子，随着你的不断成长，你会变成一个全新的你，尽管你已是全新的你，你梦想有一天会获得成功，但你周围的亲朋好友可能还会像以前那样对你，除非他们看到你的成绩，在这之前他们还是不会放过你，会继续朝你泼冷水。所以，要想让人相信你是成功者，就必须自己先相信这点。

要想改变他人对待你的方式，你就得先改变你自己的行为。当你相信自己是个成功者，其他人才会相信。

苏乞儿：亲爱的上师，如果在追逐梦想的道路上遇到创业瓶颈，该怎么调整自己？

智者：每次遇到困难，你们就喜欢把它归咎于遇到创业瓶颈。你可以把遇到的所有困难统统写下来，写到纸上，然后狠狠地把它撕碎。事实上，这个世界上根本没有困难、瓶颈这回事，那都是你自己认为的。要想解决问题，首先得弄清楚造成问题的根结到底是什么。其实问题出在你自己身上，是你自己把它定义为困难，甘愿被它打倒的。

哈哈，你已经在进步了，发现了没有，现在的你已经和以前的你不一样了。创业瓶颈应该是你走向成功的唯一证据了。你已经把自己定义为创业者了，真是可喜可贺。

苏乞儿：上师，你不说我竟然都没有发觉，这是你的功劳。我喜欢与你对话，这对我的人生太有帮助了。

智者：好啦，孩子，别拍我马屁，节约时间，我们继续吧！

苏乞儿：哈哈，我是说真的。亲爱的上师，你也会跟我开玩笑？

智者：那当然，我们以后还会是最好的搭档，我们会成为最好的朋友。

苏乞儿：好啊，好啊，我喜欢。

智者：我也喜欢。

苏乞儿：我们继续吧。

智者：好，还想问什么？

苏乞儿：有时候，我会莫名地难受，内心挣扎得很厉害，对未来看不到任何希望，情绪非常消极，我该怎么做？

智者：哈哈，孩子，你倒是对我很诚实。

苏乞儿：那当然，我已经把你当成我最好的朋友了，我必须对你坦白一切，要不然你怎么对症下药，怎么帮助我？

智者：好，很好。我告诉你，挣扎这种症状是提示你去走另外一条路。

内心挣扎的时候，你觉得心情糟透了，受够了，怎么会这样？你总是在心里自己问自己为什么，你越想越烦恼，越想越难受，是不是？

苏乞儿：嗯，是啊，确实是像你说的这样。

智者：别试图摆脱你的这种感觉，因为，你越想摆脱，你就越难受。这就是内心挣扎。

你内心会想："我怎么会这么倒霉？为什么我感觉这么痛苦？我真失败！"你会分析自己批评自己直到你的理性部分说服感性部分，然后你就会感到极度痛苦。

你的全身心都处在恐惧之中。不要逃避，大胆地和你的感觉待在一起吧。不要给自己施加任何压力去摆脱这种感觉。

当你发现你的内心开始痛苦，那你就对它说："我不怕你。"

你可以给你的思维分配这些任务：

大胆地和你的感觉待在一起，让你的思维留意你的行为。你的行为会传递给你一些信息，告诉你为什么会这么痛苦。

有一种方法能直接改变这种状态。

苏乞儿：那是什么方法？请你务必要告诉我呀。

智者：当你心情糟糕内心痛苦的时候，请你注意你内心的独白是什么？

"我不够好"，"我不可能成功"，"我不会的"……你是不是经常这样暗示自己？再看一看这样做的结果是什么，是不是真的如你所愿，你真的不够好，真的没有成功？

苏乞儿：好像真的是这样。

智者：我说过问题一直出在你自己身上，大多数人是非常善于保护自我的——他们允许自己说自己不好，却不允许别人说自己不好。当别人对你说不可能做好，你不可能成功的时候，你听到之后，真想揍那个家伙一顿。是不是这样？

苏乞儿：是啊，确实是这样。

智者：不要怪他们这么说，他们是看到你的表情以及你的行为动作，下的决断而已。

苏乞儿：亲爱的上师，那该如何扭转这个局面呢？

智者：我可以告诉你方法，这个方法很变态，却很管用。做不做在于你自己，我只是负责传达给你。现在请用这些话来扭转这个局面："我的能力无可限量，我能做到。我一定会成功。我能做好自己想做的一切事情。我能得到所有我想要的东西。"现在，把你自己当成你自己的忠实粉丝，去给你自己写一封匿名信吧，尽情地去写吧。去吧，写上 8 分钟。我等你。

苏乞儿：好的，我听话。

[书写中]

苏乞儿：好了，我写完了。亲爱的上师，我们可以继续了。

智者：很好。

还想问什么？

苏乞儿：我想想，对了，有时候遭到别人的拒绝会很难过，然后想要放弃梦想。

智者：哈哈，不经历风雨，怎么见彩虹？哪个大师在追梦的道路上没有遭受过别人的拒绝和嘲笑？那些东西简直太常见不过了。你说心里难过，我完全可以理解你。

要想不再被拒绝，就勇敢去接受它。

苏乞儿：接受拒绝和嘲笑？

智者：对，你没有听错，这就是最好的方法。

当你勇敢面对拒绝和嘲笑的时候，你的心中就会不由自主地把你对那些拒绝、嘲笑你的人的愤怒，转为力量。孩子，相信我，接受它，你会越来越好，越来越棒。

苏乞儿：我懂了，我会按照你说的话去做，我要勇敢面对拒绝和嘲笑。

智者：很好，太乖了，我最喜欢听话且聪明的孩子了。

孩子，现在换我问你，你准备好了吗？你下定一定要成功的决心了吗？

苏乞儿：准备好了，下定决心了。我一定要，一定要成功。

智者：为什么？

苏乞儿：因为我受够了痛苦。我必须要改变这一切。

智者：很好。如果你确定好你的终极目标，明确地知道自己想要的生活是什么，你以为就可以成功了吗？

苏乞儿：不，应该还缺乏行动吧？！

智者：太棒了，回答正确。没有行动的梦想都叫妄想。现在你要做的就是付诸行动。如果你不采取行动，你就会转回去，回到原点，把你所做的决定再做一遍，那只会周而复始重复你的痛苦。

苏乞儿：嗯，我明白你说的话了。但亲爱的上师，我虽然下定决心了，也准备好了，但坦白跟你说，这一刻我突然害怕前进，我不知道为什么会这样？

智者： 害怕是一种感觉。尊重它，千万别抗拒它。如果你忽视它，它会让你的决定陷入迷茫。既然你已经做出了决定，那就采取行动吧。行动就是为了你的梦想去做点什么，然后你会根据你的行动做出反应，就这样向梦想进军。如果你害怕前进的原因是你还没有准备好，那么，我会给你时间。现在你该采取的行动就是——去做准备吧！

列出目标，提出方案，把它们一个一个写出来，列出日目标、月目标、年目标。格局要大一些，梦想要大一点，让它们出现在“梦想墙”上吧。你什么都可以去做，唯一不能做的就是你停在这儿什么也不做。

孩子，有我在背后帮助你、支持你，你还怕什么？大胆朝梦想前进吧。

走吧！

苏乞儿： 好的，我听你的。谢谢你。

对话第 29 天 别勉强自己，做你真正想做的

智者：也许在追梦的路途中，会有那么一个时刻，你的脑海中会看到你的人生太成功太成功了。那不是幻觉，你要相信那种感觉，那是我让你提前感受到的。

孩子，勇敢地追你的梦吧！去吧，你必须这么做，而且要把它做好。你勇敢追梦，命运又怎么会辜负你，你也不要辜负那些看好你、支持你、爱你的人才好。这世界上还有很多很多人爱你，即使没有人爱你，你一点也不孤单，因为我永远爱你，无论何时何地，永远。我爱你们每一个孩子。

现在勇敢直视你的梦想，它已经在那里等待你了，你要相信它的存在。所以，还是早日实现它吧！换一种全新的方式来生活，给自己一个精彩人生。

你的梦想已经呈现出自己的生命形态，它在向你招手，你看

到它了吗？

苏乞儿：嗯，到现在，我已经知道了自己想要的生活是什么样子的，我已经明确了我的终极目标，我看得到我未来的样子。

智者：好好把握你已经拥有的这一切，实际上，你非常富足。

你得坚定不移地支持你的梦想，否则你的生活只会越来越糟。你去勇敢地追梦，大胆地做梦吧！实际上，你现在也没有别的路可走。

放心，你所有的梦想都会成真，所有的！

苏乞儿：我已经知道我的目标了，但此刻我却不知道要去做什么。

智者：呵呵，那些大师在成功之前，去展开行动时都不知道自己要做什么，他们只知道自己行动胜于妄想和虚言。

你要对自己有信心，没有任何困难能够打败你。

如果你不知道自己现在该怎么走，小心翼翼地走几步吧！因为只有你启动了，才会知道该怎么迈开步子。这其实也是个秘密。

苏乞儿：嗯，我一定要经受住任何考验。

智者：哈哈，你又错了。这世上根本不存在任何考验。你根本不必接受考验，除非是你选择自己考验自己。

好了，依你内心的想法吧！你想经受住这次考验，但是你也得允许自己不要把这考验弄得太难。

你也许觉得必须要做出成绩来证明自己也能获得成功，证明是你给自己制定的目标，这目标非常难达成，但你却达成了。这目标多长时间，如何达成由你全权决定，反正你早晚要停下来，宣布自己达成了这个遥不可及的目标，终于成功，终于通过这个没人让你去经历的考验了。

其实，那完全没有必要。当你没有什么需要去证明的时候，事实也就证明了一切。

苏乞儿：那亲爱的上师，我可以中途更改我的梦想吗？

智者：这问题很好，在追梦的路上会遇到很多所谓的困难，如果你觉得自己好像没法继续了，那就停下来，别再继续了。但你在让自己收手的时候一定要确保自己将来不会后悔。

没人跟在屁股后面监督你是否完成你的梦想。那都是你自己的事情，你自己设立的目标，你自己要完成它。当你想改变的时候，问问自己，你确定要放弃这个目标了吗？如果确定了，那就意味着，你前面的努力全都白费了。如果确保自己不会后悔，完全可以放弃。

那些大师都知道共同的一点，就是：如果目标行不通，马上改变它，然后赢得成功。

孩子，你不要有任何压力和负担，这只是一个目标而已，它不等于你的整个人生。不管你最终是否达成这个目标，你的人生都将继续朝前走。或许，你觉得无法停下了，因为你太看重它，导致你把自己整个都扎进去了。

现在请你立刻做个决定。你能让你的梦想继续下去吗？你能找到方法快速达成目标吗？如果不能做到，立刻放手！为什么？因为放手也是一种前进。

孩子，结束不是一件坏事，结束意味着新的开始。

如果你不想做某些事，那就大胆承认你不想做，勇敢结束它，开始新的，千万别假装努力，那样只会和梦想背道而驰。省下力气和时间去做你真正想做的事情吧。因为人的一生非常短暂，精力也非常有限。

苏乞儿：嗯，我明白了。亲爱的上师，我想，你真的很爱很爱我。

智者：孩子，你要相信你的梦。

如果你在梦想成真的途中陷入困境，那只是因为你的梦还不够强大。

你是不是想要成功，想要财富，想要地位，是不是特别想要一栋别墅，一辆跑车，就这些了吗？

让我们一起努力让你的梦想变得丰满一些。

你为什么想要成功，想要财富，想要地位，想要车子，想要房子？为什么？为什么？

找到你真正想要的，梦想就会拥有更强大的生命力。

我来陪你做个游戏吧！不必害羞，这里没有别人。

苏乞儿：好啊，我绝对奉陪到底。

智者：不要隐瞒，说得越真实越能够帮助到你。

苏乞儿：好的，我答应你。

智者：拿出一张纸，写下你的梦想，然后用“如果”开头不断地类推，一直找到梦想的源头。

苏乞儿：开始吧。

智者：好。

苏乞儿：如果我能成功，我可以帮助好多人改变命运，我可以让我的家人过上好的生活，我可以为我的家乡、母校做出贡献；如果我拥有财富，我可以捐助贫困儿童，那样就能证明我存在的人生价值，人们会喜欢我，敬佩我，崇拜我，那样我会很开心；如果我能成功，我就会成为年轻人的榜样，妈妈就会为我骄傲，她开心是我最渴望的一件事，所以我一定要成为她的骄傲，所以我一定要成功。

智者：很好，很好，孩子，你太棒了。你终于发现了你追逐名利的欲望的源头，这样你就能自由而直接地走向那个需要，并满足它。你绝对可以实现你的目标，你要相信我，相信你自己。

你回答得实在太棒了，现在我给你额外奖励——一个关于成功的秘密。你必须首先满足要求，之后你才会成功。而如果你颠倒了顺序，你努力去成功以满足需求，最终你会为了成功而把自己原始的需求丢弃。

苏乞儿：我记住了，谢谢你告诉我的这一切。

亲爱的上师。梦想和目标有什么区别吗？

智者：当然有，梦想是你内心关于自我理想状态的强烈愿望，目标是你的大脑计划如何去实现你的梦想的具体安排。

苏乞儿：目标是服务于梦想的啊。

智者：对，可以这么说。

苏乞儿：亲爱的上师，你会不会认为我很幼稚，尽问些乱七八糟无聊的问题？

智者：看，你又犯老毛病了。你总是喜欢揣测别人的想法，把别人想复杂，把问题想复杂。事实上，一切都是很简单的，人心不复杂，问题不复杂，成功不复杂，最复杂的是你自己。这是你没有成功的主要原因，你必须要改变你的这种思维方式。

苏乞儿：好，我知道了。我一定改正。

智者：你真的以为成功总是挑中那些幸运儿——那些没有你这些问题的其他人？

我可以告诉你，成功的确会青睐某些幸运儿，那些幸运儿就是知道自己要干什么的人，那些幸运儿就是有很多问题，但最终能把问题解决的人。这一小撮人很幸运，他们都成为了大师。我希望你也是其中的一个。

你有许多问题需要解决，你可以自由选择。你可以选择拒绝它们，逃避它们，被它们卷入混乱，受它们折磨，为它们痛苦。你也可以选择勇敢面对它们，解决它们，然后继续朝梦想前进。至于选择前者还是后者，当然由你自己决定。

苏乞儿：亲爱的上师，我要选择后者，我必须选择后者！

对话第 30 天　在对的时间，遇见对的人

智者：孩子，放手去做吧。

直奔梦想才是通往成功最快的路径。去做吧！

目前，你所有的问题都归咎于一个原因：你对自己认识不够。

现在，走到镜子面前，对着镜子中的自己，狠狠地亲一口，对 TA 说一声："我爱你。"

孩子，今天是我和你对话的第 30 天，我已经把所有成功的秘诀毫无保留地全都告诉你了。最后我想说，你是世界上奇迹的创造者，你是实用成功秘诀的天才。

这些成功秘诀可以为你创造超级的财富，让你遇到最能帮助你成功的贵人，让你非常成功地帮助更多人走向成功。

你只需要每天追求进步，每天努力朝你的梦想进步一点点。

你要让自己的每一天保持巅峰状态，持续不断地努力，向梦想进军。

孩子，我说过，你若勇敢追梦，命运怎么会辜负你呢？

你是主宰自己人生命运的神，你是爱的源泉，你是一切的力量，你可以得到你所有想要的一切，因为你值得拥有。

你是唯一能拯救你自己并改变你命运的那个人，你能为自己创造出自己想要的生活，也只有你自己能为你创造。

当你的思想专注在自己想要的东西上时，大胆对我提出要求，我会施展“魔法”让你得到你想要的一切。你只要按我的话去做，你可以得到所有你想要的，你可以成为任何你想成为的人。

孩子，你就是你人生的梦想家，你就是你人生的计划师，你就是你人生故事的编剧，现在笔握在你的手中，你完全有能力去改写过去所有不好的结局，扭转自己的人生命运。快重新书写你的人生吧！

以前，你根本不知道自己有多优秀，而现在你遇见了我，我告诉你真实的情况了，你可以做任何你想做的事，你可以拥有任何你想拥有的东西。这完全是真的，只是你以前很混沌而已。事实上，这个世界上，你们每一个人的智慧和潜能都是无限的。

苏乞儿：亲爱的上师，我承认，我被你感动得哭了，我无法用言语表达我对你的感激。谢谢你在我人生最低谷的时刻出现在我的生命里，谢谢你，谢谢你，谢谢你……谢谢你拯救了我，我再也不会轻生了，谢谢你。

智者：感谢你自己吧！感谢你那一颗不向命运屈服的心带领你遇见了我，一切都是你的选择，是你自己选择改变命运，是你选择与我对话，一切都是因为你自己啊。

你的人生命运完全由你自己说了算，你给自己设立目标，努力实现。你的美好未来由你自己去创造。

孩子，大胆地对我提要求吧！我会帮助你，让我为你做点事情吧！我非常愿意为你效劳，因为你值得我帮助，别忘了，我们还是最好的朋友。

过去的那些不愉快你该放下了，它们只会阻碍你走向成功，原谅那些伤害，感谢它们逼你遇见我，从而让你有一个精彩的人生。

现在，你完全可以重新开始，就在这一分这一秒。专注于自己想要的，好好生活吧！

这些成功的秘诀我已经全部给了你，至于你怎么使用它，你自己权衡把握。不论你做什么样的决定，我都爱你。不论你选择使用它还是选择丢弃它，我都会尊重你的选择。

当你打破常规，打破惯性，使用这些成功秘诀，你的人生将成功到不可思议。

那些功成名就的大师之所以成功，是因为他们幸运地知道了这些成功秘诀，现在你也幸运地知道了，所以，你的任务就是让更多的人知道它并且使用它。因为你们每一个人都是我最爱的孩子，我期盼这个世界更加美好，你们每一个人都值得拥有美好的人生。

你现在你人生的十字路口徘徊，你曾经告诉我不知道该向左转还是向右转，我不忍心看你痛苦、迷茫、无助的眼神，所以我出现了。你以为那些你定义为不好的事情都是偶然出现的吗？

孩子，我告诉你，每一个在你生命里出现的人，都有使命，都不是偶然。每一件事情发生在你生命里都有原因，且结果都有助于你。过去所发生的一切都是为现在的你做的铺垫。你生命中所有走的路，所有做的事，所有受的苦，所有的一切都相当值得，它们的出现只为了一件事，那就是为了成就你。

现在你要做什么呢？你想成为谁呢？此刻就做出决定吧。我永远在背后支持你。

你一直都是伟大的，你很优秀，你有无限的潜能。过去的你是谁已经不重要了，过去的已经过去了，重要的是现在的你是谁，未来的你将成为谁。

我已经告诉你成功的所有秘诀了，这次对话即将要结束，你还有什么要问的吗？

苏乞儿：亲爱的上师，我一直没好意思开口问你，为什么要让我失恋，它让我非常痛苦，为什么要让相爱的我们分开？难道真的是因为人们嘴里所说的“缘分”这个词吗？

智者：很好，我就等你问这个问题呢，你终于开口了。

苏乞儿：啊？你知道我要问啊？

智者：那当然，你的所有一切我都能知道。

苏乞儿：好吧。

智者：孩子，我告诉你一句箴言：能分开的都不是对的人。所以，你不必伤心，不必遗憾。

苏乞儿：那我真正的另一半为什么迟迟不来呢？你能告诉

我，他现在在哪里吗？

智者：在你的心里。他之所以迟迟不来是因为还没到对的时候。放心，我会安排好一切，你要耐心，你要等。你值得拥有美好的生活，我当然需要多花点时间为你选择优秀的人了，你要明白我的良苦用心。

苏乞儿：你对所有人都是如此安排吗？

智者：那当然，我说过，我爱你们每一个人，我不会单独偏袒谁，在我心中，人人平等。

苏乞儿：那什么时候才是对的时间呢？

智者：当你想结婚的时候就是对的时间，你认为合适的人就是对的人。

苏乞儿：好，我明白了。我现在终于不纠结了，我听你的话，耐心等待幸福的降临。

亲爱的上师，我要谢谢你过去给我所有的磨难，让我坚强，我要谢谢你赐予我的机会，让我遇见你。

智者：孩子，不用谢我，你种下的因，方能收获想要的果。你就是我，你就是自己的救世主，你就是自己的贵人，只是你一直不知道而已。我就在你心中，我就是你自己，所以感谢你自己吧！当我降临人世间，每个人都有均等的机会，是你不服输的心态让你抓住了机会而已。

你认为是什么让你遇见我？你认为是什么让你帮助我把这些成功的秘诀写出来？遇见我不是偶然，这是必然，因为这就是你的人生使命。

我曾听到你内心对我强烈的呼唤，你要我出现，你要我告诉你为什么那些人那么成功，你要我解释给你听。

我已经按你的要求毫无保留地都告诉你了，我用的语言非常简单明了，你不可能听不明白。

令我开心的是，我们在对话过程中成了最好的朋友，我们彼此达成共识，谈得非常愉快！

孩子，不要忘记你答应我的事情，那是你对我的承诺，这份承诺一定要兑现。

苏乞儿：嗯，我会的，一定会兑现。亲爱的上师，一言为定，我们拉钩吧！

智者：好，拉钩。我相信你能圆满完成我交给你的任务，你有那种能力把它做好，相信你自己。

孩子，放手去做吧！去改变你的人生吧！大胆去做吧！去做最好的自己！现在，你已经知道成功的所有秘诀，知道了你所有想知道的，现在，你的人生已经开始在改变了。

事实上，你的人生早就开始发生变化了，只是你不知道而已。现在，你知道了你的人生使命，大胆地朝你的梦想迈进吧！

你要尽你所能，用一切方式把这些秘诀传播给所有能接触到你的人，把这些秘诀毫无保留地分享给他们，让这个世界更加美好一些。

如果你听从我的话，按我要求的去做，你的人生将成功得超乎你自己的想象。

孩子，永远记住，我一直会陪伴在你的身边，与你同行，与你同在。无论何时何地，无论过去你是谁，无论你将成为谁，我将永远爱你，毫无条件地爱你，直到永远。

苏乞儿：亲爱的上师，我也爱你，谢谢你赐予我这些锦囊秘笈，我定不会辜负你对大家的厚爱。谢谢你！

智者：你们每一个都是独一无二的，都是与众不同的，你们是我给这个世界最好的造物。

孩子，最后我也谢谢你，谢谢你实现了我的规划。我想，我们还会再见面的，因为和你对话，实在太开心了。

我希望下一次见到你的时候，你已经获得成功，走向了终极幸福。那是我想要看到的结果。

苏乞儿：好的，亲爱的上师，我更期待下一次对话早日到来。

智者：下一站幸福。

我们说好的。

最后想对你说的话

如果爱有天意，我愿细水长流

亲爱的朋友：

我希望这次对话之旅对你来说具有无尽的丰富的参考意义。如果这些还不够，那么，我还衷心地祝愿你能名利双收，拥有成功人生。一旦你让内心坚如磐石，你会取得成功的。

感谢你在创造自己精彩人生的时候邀我参与，感谢缘分让我们相遇并共同度过一段美好时光。感谢你遇到这本书，让她帮助你实现心灵的愿望。

人的一生，随时都会有无数影响命运的机缘出现，从你的身旁和眼前溜过，其造成祸福的结果，但凭个人的取舍，但凭一念之间，上天并没有对谁特别地照顾。真诚地祝愿各位有缘之人：宝山踏遍，莫空手回；改变命运，美梦成真！

其实，所有想要说的话，都写在文字中。

这些对话，没有逻辑，随心所欲，全无章法，但我相信会有人喜欢它们，像我一样地喜欢它们。我为看得懂它们的朋友而写。事实上，我一气呵成，写完之后没有做任何修改，因为写完之后越来越感觉无法将它们修改，就让它们以特殊的姿态存在吧！

我把这些对话送给所有有梦想的朋友，我想告诉大家，你比你想象的还优秀，你能成为你想成为的任何人。

既然对于这个世界你有权利活出自我，请允许我无比荣幸地向你提出这个建议——让你的梦想跌进现实吧！

这里不是告别，而是一份美好友谊的开始。如需了解更多详情，请联系我，我为这本书新开的新浪微博 @ 苏灿 – 苏乞儿，愿大家共同学习，共同成长，共同进步！

我热爱分享，因为我知道分享能达到利益的最大化。我也衷心地希望你能把爱传递给你周围的朋友，记住：帮助别人就是成就自己。

只希望你能从只言片语中有所思，更有所得。

谢谢！

后　记

在我的成长过程中，从未有幸遇见一位良师，大学毕业，走进社会，一直有些随波逐流，野蛮生长，是生活狠狠地教育了我。所以说，我的老师是生活，是社会，是出现在我生命里的每一个人。

我要向以下的人表达我的感激。由于他们大力的支持和帮助，这本书才得以完成。

我要感谢的人有：国内著名网络名家、网赚创意策划第一人、人脉资源整合专家懂懂；中国创业致富促进会副主席兼秘书长、中国策划学院副院长、个人品牌策划专家王双全；著名编剧马德林；著名作家、诗人、书法家、中国作家协会会员寒北星；著名作家路佳瑄；评论家梁星钧。感谢中国广东深圳玩赚电商公司的支持和帮助。谢谢为这本书付出努力的所有工作人员。

同时我也感谢父母的养育之恩，感谢所有帮助我鼓励我的朋友们，更要感谢那些伤害我刺激我的朋友们，感谢生命里无法掌控的伤和痛，感谢我的电脑，感谢我的台灯，感谢我不近视的眼睛，感谢我不服输的心脏，感谢我家小区楼底下那只暗恋喵星人的汪星人……你们带来的种种都是为了助我更好地成长、前进，我始终相信凡是发生过的事情，都是有助于我的。

我从十六岁起阅读励志书籍，为写本书准备了八年，学习了各种不同的心灵成长以及心理治疗方法，并且博览中英文有关著作，透过时时刻刻活在当下以及自我观照的修炼，得到了许多有关灵性及个人成长方面的心得体悟。我用简单的言语，对话的方式，深入浅出的笔触描绘出现代人迷茫无助的深层原因。

当年我迷茫无助的时候，我有两个愿望：第一个是找到一本可以让自己充满力量的书，另外一个是找到可以边走边谈的人生挚交。我没有你们幸运，这两个愿望当年没有实现。现在我真的很希望这本书能够成为你想要找的那本书，我可以成为你人生路上边走边谈的挚交。

这是我的第一本书，谨以此书纪念我那疼痛的青春迷茫，纪念我生命里出现的每一个爱与被爱的人。我把这些对话送给所有有梦想的朋友，我想告诉大家，你比你想象的那个自己还优秀，千万不要让别人偷走你的梦想。我多希望你能从此刻起，做一个幸福的人，爱自己所爱，在有限的生命里做有意义的事情。

Never give up and never say goodbye.

献给所有购买此书的读者，献给那些陪了我很久很久的读者，如果没有你们，也不会有今天的我，更不会有这本小书。感谢生命里有你们相伴。我爱你们！

您诚挚的朋友：